中国地质调查"重要煤矿区煤层气资源潜力调查与瓦斯灾害隐患预测（1212011220798）"项目资助

晋城矿区瓦斯灾害隐患
地震资料预测技术

邹冠贵　贺天才　彭苏萍　著

科学出版社
北　京

内 容 简 介

本书围绕影响晋城矿区瓦斯灾害的重要地质因素：小构造、煤层厚度、构造煤和煤层含气量，结合地震探测技术进行研究。作者根据晋城矿区寺河煤矿和赵庄煤矿应用地震技术的资料为基本素材，并参阅国内外有关文献资料，全面细致地介绍了瓦斯隐患的地震探测技术基本特点，重点分析了晋城矿区的地震资料处理和地震解释方法的关键性步骤；总结了起伏地表三维地震处理效果改进的技术流程和方法，结合断层解释理论分析提高小构造解释精度的方法和经验；通过应用数值模拟和实际数据分析煤层厚度与地震振幅之间的属性关系并对煤厚进行预测；分析了构造煤反演的关键技术和方法；构建了煤层含气量预测的技术方法。本书资料数据翔实、内容丰富，具有很强的科学性、创新性、资料性和实用性。

本书可供煤田地球物理勘探专业、地质工程专业的师生和从事现场工作的物探、地质及其他工程技术人员参考和使用。

图书在版编目（CIP）数据

晋城矿区瓦斯灾害隐患地震资料预测技术 / 邹冠贵，贺天才，彭苏萍著.
—北京：科学出版社，2014. 6

ISBN 978-7-03-041145-7

Ⅰ.①晋… Ⅱ.①邹… ②贺… ③彭… Ⅲ.①煤矿–瓦斯爆炸–地震勘探–预测技术–晋城市 Ⅳ.①TD712②P631.4

中国版本图书馆 CIP 数据核字（2014）第 128254 号

责任编辑：张井飞 韩 鹏／责任校对：郭瑞芝
责任印制：钱玉芬／封面设计：耕者设计工作室

科 学 出 版 社 出版

北京东黄城根北街 16 号
邮政编码：100717
http://www.sciencep.com

北京通州皇家印刷厂 印刷

科学出版社发行 各地新华书店经销

*

2014 年 6 月第 一 版 开本：787×1092 1/16
2014 年 6 月第一次印刷 印张：11
字数：260 000

定价：118.00 元

（如有印装质量问题，我社负责调换）

前　言

　　煤炭资源在我国能源组成部分中占主体，同时在我国的能源供给中具有重要的战略地位。由于我国地域分布广，不同煤田的含煤地层形成条件不同，经受了多期构造作用，从而造成不同煤田的地质条件存有较大的差异。多个矿区的实践资料表明，由于煤层沉积、埋深、构造等地质因素的影响，煤层瓦斯、煤体结构、煤层顶底板等重要地质条件在横向上变化大，表现出强烈的不均一特征。复杂的地质条件带来了很多煤矿安全生产问题，这些问题一直以来受到我国煤炭工业的重视。尤其是瓦斯灾害，由于瓦斯爆炸会造成巨大的人员伤亡和财产损失，一直是煤矿企业和社会重点关注的安全生产内容。随着我国社会经济的不断发展，国家对煤炭资源的需求不断提高，煤炭资源的开采从浅部向深部发展，从简单条件向复杂条件发展，煤矿面临更为严重的瓦斯灾害隐患。

　　多年的研究表明，瓦斯突出受到复杂地质因素的控制。瓦斯灾害的防治，需要以详细可靠的地质资料为基础。从 1991 年我国开始推广三维地震勘探以来，目前大部分矿区都已经开展，或者即将开展三维地震勘探工作。三维地震具有横向上高密度的特征，对复杂地质条件的探测具有控制能力强、可靠程度高的优势。本书针对瓦斯灾害防治需要详细、准确的地质资料的要求，通过三维地震探测技术与瓦斯地质结合，研究先进的地震资料处理、解释技术，为瓦斯灾害防治提供详细可靠的地震地质成果。本书以晋城矿区为例，结合瓦斯灾害地质认识，分析了小构造、煤层厚度、煤体结构、煤层含气量的地震资料预测方法。针对晋城矿区表浅层地震地质条件较差，小构造解释偏差大的情况，本书分析了以静校正、叠前偏移为核心的处理技术，构建多属性解释方法提高了小构造解释精度，同时分析了煤体结构划分常规方法存在的问题，提出了针对性的措施，通过煤层含气量表征瓦斯富集区，结合 AVO 技术构建了煤田反演预测方法，并分析了其中存在的关键问题，具有重要的学术价值。

　　本书共八章，由邹冠贵、贺天才、彭苏萍共同完成，贺天才、彭苏萍负责全书的统筹，邹冠贵主要负责全书的撰写。需要指出的是，本书是我们研究集体的共同成果，参与这方面研究的成员有杜文凤副教授、何登科讲师、师素珍讲师、卢勇旭博士，以及博士研究生李巧灵，硕士研究生殷裁云、程凤英、徐延勇、曹文彦、郝小霞、张健。张高阳、曾葫等很多同学为本书的插图进行了计算机的清绘和部分资料的收集整理，在此特表感谢。

　　本书的研究工作得到了中国矿业大学（北京）的孟召平教授、朱国维教授、方家虎副教授，中国矿业大学的董守华教授，中国煤田地质总局的勾精为教授级高工，晋城无烟煤矿业集团有限责任公司的付俊青副总工程师，寺河煤矿的霍振龙总工程师、吴光亮副总工程师，山西晋城集团赵庄煤业有限责任公司宋斌总工程师、李劲松副总工程师的帮助和支持；本书还得到了晋煤集团有限责任公司的领导及工程技术人员在地质、地震资料方面的支持和帮助，在此表示真诚的感谢。同时，还要感谢书中引用文献作者的支持和帮助。

　　本书的出版得到了中国地质调查局项目：《重要煤矿区煤层气资源潜力调查与瓦斯灾害隐患调查》（编号：1212011220798）的资助，同时，也得到了国家十二五科技支撑课题：《晋陕蒙接壤区生态恢复关键技术及示范》（编号：2012BAC10B03-2）、《复杂条件大型煤炭基地高精度地震探测技术》（编号：2012BAB13B01）以及多项部门科研课题的资助，在此表示衷心的感谢。

　　瓦斯灾害隐患的地震探测技术研究，有许多的理论和方法内容需要进一步探讨完善，书中不妥之处，请多多批评指正。

目　　录

第1章 绪 论

1.1 研 究 意 义

煤层中普遍含有瓦斯,当地下掘进到煤层时,由于煤层的应力条件发生变化,煤层瓦斯发生泄压、涌出。在一定的压力作用下,破碎煤与瓦斯由煤体突然向采掘空间大量喷出,这是一种瓦斯特殊涌出的现象,这种现象被称为煤与瓦斯突出。这种突出在煤矿中常产生破坏性作用,比如爆炸、窒息,从而形成瓦斯灾害。

瓦斯灾害的根源在于煤与瓦斯突出现象。这种现象涉及煤层的先天性条件,比如,煤体结构、煤层吨煤含气量、煤层瓦斯压力等,同时也与后天性条件有关,比如煤矿的开采、生产方法。后天性条件需要根据先天性的煤层条件来确定,并根据实际情况的变化进行及时的调整。由于我国含煤地层的复杂性,煤与瓦斯突出现象时有发生,给煤矿的安全高效生产带来极大的难度。根据煤炭行业统计数据,我国国有重点煤矿48%以上是高瓦斯突出矿井,新中国成立以来发生了22起死亡百人以上的煤矿事故,其中20起是由于瓦斯灾害(付建华、程远平,2007)。

目前进行瓦斯灾害的防治,主要是通过两种措施的结合,一是根据矿区已有的瓦斯突出规律,确定瓦斯突出的主控地质因素,比如煤层的赋存条件、煤的结构类型及工业分析等。通过一定技术手段掌握地质因素的展布规律,在具有突出危险的区域或部位,进行针对性瓦斯突出的防治。二是根据煤与瓦斯的突出规律,在井下进行动态的监测,根据监测参数的变化规律,预测瓦斯突出,提前采取区域、或局部综合防突措施。

从上述的瓦斯防治措施可以看出,这两大类措施的采取,都需要详细可靠的瓦斯参数,用于确定突出危险区或突出危险性。瓦斯防治需要的基础性地质资料,比如实测煤层含气量、煤体结构等瓦斯参数,主要是通过钻孔或地下取心测试完成,或者进行瓦斯参数监控。它们的特点是:控制点分布较为松散,分布不均匀。在煤层赋存条件简单,横向变化小的区域,该方法能满足煤矿的安全高效生产。在煤矿地质条件复杂区域,该方法对远离控制点的瓦斯参数控制能力差,不利于煤矿的安全高效生产。

根据1991年原国家能源投资公司下发的能投计(1991)612号文《关于基本建设矿井补做地震工作的通知》,其要求"凡列入计划建设的基本建设矿井项目,有条件的一律补做地震工作……在地震工作没有完成之前,不准进入采区施工……"。这一文件的下发,推动了高分辨地震勘探技术在煤矿建设和生产领域中的应用,揭开了大规模矿井采区地震勘探工作的帷幕。目前我国的大部分采区都已经开展或是即将开展三维地震勘探工作。虽然每个地区由于受地表条件、地下构造、煤层埋深等地质因素影响,采集到的地震数据优劣也各有差别，但是，由于地震数据具有横向上密度高的特征，地震解释成果的准确性高；对同一个物理点具有多次覆盖的特征，可提高地震资料的信噪比。这些特点使得地震勘探技术具有勘探面积大、密度高、精度高、效果好的优势。

目前地震勘探技术广泛应用于煤田地质精细探查，可以分析地质构造、煤层厚度、煤体结构、煤层气富集区等地质条件。该技术的优势就是横向上网格小，与钻孔勘探相比，钻孔网格为200m×200m，而地震的网格一般为10m×5m，因此，采用地震勘探技术构建瓦斯灾害源探测的技术方法，有利于获得更为精细的成果，进而更有针对性地指导瓦斯突出的预防、提高经济效益。可见，利用地震技术进行瓦斯灾害预测，具有重要和明显的社会经济效益。

1.2　瓦斯灾害隐患预测技术研究现状

瓦斯灾害属于流体灾害类型，这种现象涉及三个因素：涌出源、涌出通道、涌出量，部分因素在一定条件下表现出静态、动态特征（周心权和陈国新，2008）。做好瓦斯灾害的防治工作，主要从上述的三个因素展开。同时，随着我国提出煤层气资源的开发利用，从煤层气资源开发的角度在这些方面也开展了大量的工作，两者相互促进。

瓦斯在我国的含煤地层中普遍存在。通过瓦斯抽采数据发现，瓦斯主要存在于煤层中，在煤层围岩及不可采煤层中的气体中也含有一定的量（王素玲等，1999）。总体上，煤层是最为重要的涌出源。

煤层中所有瓦斯含量的多少，可以用煤层含气量来表征。由于煤层含气量数据是评价煤与瓦斯突出、煤层气资源潜力的一个重要参数，如果能获取煤层含气量与地质因素之间的关系，则能利用地质因素预测煤层含气量的大小。进一步研究认为煤的物质组成、变质程度、煤体变形（煤体结构）、顶底板岩性、埋深与上覆有效地层厚度、构造发育情况、岩浆活动和水文地质条件是影响煤层含气量的主要因素（Yee et al.，1993；张晓宝等，2002；王凯雄和姚铭，2004；张同周等，2005；苏现波等，2005；苏现波、林晓英，2007）。通过对沁水盆地南部目标煤层含气量影响因素的分析，建立了煤变质程度、储层压力、温度及煤质特征支持向量机模型来预测煤层含气量（刘爱华等，2010）；基于煤层有效埋藏深度、水分+灰分和镜质组最大反射率三个参数与煤层含气量关系密切，建立BP神经网络模型来预测煤层含气量（孟召平等，2008）。利用电阻率、密度、自然伽马、声波时差四种测井曲线，通过聚类分析计算煤层含气量和煤体结构划分，表明利用测井参数评价煤层的甲烷含量（张妮等，2010）和分析煤层破坏类型是可行的（陆国桢等，1997；Fu et al.，2009）。由于地质资料主要是散点式获取，这些结果也仍然是散点式的，不同点之间的距离较大。

煤层含气量在横向上表现出变化，体现了瓦斯在一定范围内呈现富集到减弱的特征，这种变化与含煤地层在横向上的变化有关。由于边界限制，瓦斯流动系统具有独立性，则容易形成局部的瓦斯富集。在煤层气研究中，这种富集被称为煤层气藏；在瓦斯灾害中，则称为瓦斯富集区。根据含煤地层横向上的物性变化，将其边界区分为四种类型：水动力边界、风氧化带边界、物性边界和断层边界。苏现波认为水动力边界和风氧化带边界具有普遍性；将油气领域断层的四种封闭机理（胶结作用、泥岩涂抹、对接关系和碎裂作用）引入到瓦斯富集区封闭性断层边界研究；首次将物性边界的封闭机理区分为排驱压力封闭和烃浓度封闭。不同地质背景下含煤地层具有不同的边界组合类型，进而构成了瓦斯富集区的多样性（苏现波等，2005）。同时，瓦斯富集区还存在一个岩性边界，该边界是指位于煤层尖灭带的边界，有两种情形：①位于煤层尖灭带的岩性具有较大的渗透率，排驱压力低，瓦斯容易逸散，难以在煤层内聚集，不利于瓦斯的保存；②位于煤层尖灭带的岩性具有较低的渗透率，边界具有较高的排驱压力，有利于瓦斯的保存。后一种情形常见，如在我国的铁法盆地，在深部盆缘断裂附近存在煤层分叉尖灭带、岩性相变带等不渗透边界，致使瓦斯在深部聚集，构成了典型的铁法盆地瓦斯富集区（宋岩等，2009）。构造应力场也是控制瓦斯富集区极为重要的因素，挤压应力场作用下，在强变形带的中心及其附近，可以形成糜棱煤类构造煤，但糜棱煤分布较为局限；在较大范围内形成脆性变形系列的构造煤，这类煤层是瓦斯开发的有利区带；拉张构造应力场中，大部分区域有利于煤层裂隙的形成和渗透率的提高，同时，易造成瓦斯的散失，含气量降低，应重视有利储气构造的研究；剪切构造应力场中，以平移断层为界，煤层的赋存状态、煤体结构和煤储层物性都会存在一定的差异，应对不同的构造单元分别研究其煤储层特征（姜波等，2005）。

通过进行瓦斯富集区与常规天然气成藏机理的差异性研究，发现它们之间的差异性体现在以下方面：一是瓦斯以甲烷为主且成分简单，常规天然气成分相对复杂。二是瓦斯主要以吸附态储集于煤岩微孔和过渡孔的表面，常规天然气以游离态存在于储层孔隙或裂缝中。三是瓦斯赋存均经历了晚期抬升过程，后期保存条件好坏是能否形成富集区的关键；常规天然气经历了生烃、运聚和保存与破坏演化过程，天然气形成的静态地质要素和天然气成藏过程的动态地质作用的最佳时空匹配是成藏的关键。四是瓦斯的聚集受水势、压力的控制，往往具有向斜富集的特征；而常规天然气聚集受气势的控制，往往具有背斜或高部位富集的特征（宋岩等，2011）。

上述对煤层中瓦斯的研究表明，煤层中的瓦斯受到煤阶、煤储层邻近围岩的岩性及厚度、构造条件及水文地质条件等地质因素的控制。在我国众多的煤田里，瓦斯形成条件并不完全相同，从而造成不同区域的瓦斯赋存有较大的差异。比如，在我国的山西地区，主采 3#煤层，在晋城寺河矿区，3#煤层平均含气量达到 15m³/t，易于开采。然而在长治大峪矿区，3#煤层由于埋藏较浅，含气量平均在 5m³/t。而且在同一采区内，由于煤层厚度、煤阶、埋深等地质因素的影响，煤层含气量在横向上变化大，比如寺河煤矿西采区的煤层含气量在横向上变化范围为 2~21m³/t，背斜与向斜位置的煤层含气量差异大（王平虎，2010）。

煤层中瓦斯涌出是一种正常的现象，然而在局部位置，由于含气量、煤体结构及围岩应力等条件突变，容易产生突然的煤与瓦斯突出，因此，这些部位构成了煤与瓦斯的涌出通道。针对瓦斯容易突出的部位，国内外开展了大量的研究，主要与煤层及围岩条件的突变有关，比如，构造煤（邵强等，2010）、小断层（刘咸卫等，2000）、小褶曲（何俊等，2001）、煤层厚度突变位置（李中州，2010）和煤层围岩变化（姚艳芳等，

1999；黄凯，2008）等。煤与瓦斯突出的危险性随着煤层开采深度的增加而增加，比如，根据平顶山十矿相关统计资料，煤层采深 500m 以上发生突出 21 次，500m 以下发生突出 60 余次。随着矿井开采深度的增加，煤与瓦斯突出已越来越频繁（许伟功等，2006）。

　　不同地区，瓦斯突出部位的地质决定因素也不同，为了预测瓦斯突出部位，许多学者对致灾因素进行了深入研究。比如，潞安矿区主采煤层普遍遭受地质构造破坏，煤体结构在平面上和垂向上均有明显的分带特征，井田北部和南部地区煤体原生结构较发育，煤储层渗透性较好；东部和西部的构造煤发育，易于瓦斯突出（郭德勇和韩德馨，1998；白鸽等，2012）。对河南平顶山、安阳和四川南桐、天府矿区地质构造和煤与瓦斯突出的关系研究表明，不同构造具有不同的突出倾向性。将地质构造分为突出构造和非突出构造及突出构造的突出段和非突出段，利用地质构造指标预测突出（郭德勇、韩德馨，1998）。众多影响瓦斯突出的因素中，构造煤的低强度、高吸附、快速解吸和低渗透性是造成瓦斯突出的根本原因，是瓦斯涌出量预测不准、瓦斯聚集致灾的重要原因，也是构造煤发育区瓦斯难抽采的直接原因（张玉贵，2006）。汤友谊等（2004）分析了淮南煤田不同煤体结构煤的 f 值（坚固性系数）分布特征和统计规律，认为煤体结构和 f 值关系密切，提出将 f 值作为硬煤和构造软煤的分类指标。以焦作煤田为例，对 Ⅰ ~ Ⅴ 类结构煤进行了渗透率测试，结果表明：渗透率与不同煤体结构的关系曲线近似呈正态分布，先是呈级数增大，随后呈级数减小，Ⅱ 类煤体渗透率最大，Ⅴ 类煤体渗透率最小（吕闰生等，2012）。基于应用力化学理论，水平挤压应力是形成构造煤的重要原因，构造煤是力化学作用的产物（张玉贵等，2005）。构造煤尤其是糜棱煤的瓦斯易突性，不仅受地质构造的控制，还可能与韧性变形条件下的应力降解作用有关（侯泉林等，2012）。由于煤体结构的划分方法多，杨陆武和郭德勇（1996）评价了煤体结构类型的不同划分方法，认为把煤体结构划分为：原生煤、破碎煤、构造煤是一种较为合适的方法；傅雪海通过测井曲线划分煤体结构，利用聚类分析将两淮煤田各矿井煤体结构划分为原生结构、碎裂煤（Ⅰ类）、碎斑煤（Ⅱ类）和糜棱煤（Ⅲ类）4 种类型。根据煤层气试井资料，建立煤层渗透率与 Ⅱ、Ⅲ 类构造煤厚度百分比之间的数学模型（傅雪海等，2003）。由于构造煤在煤层中不一定连续分布，杨陆武和彭立世（1997）根据以煤体结构为基础的煤与瓦斯突出简化力学模型，给出了其构造煤临界厚度判据。以河南平顶山矿区为例，郭德勇等（1998）提出突出煤层煤体结构有效厚度的概念和计算方法，探讨了突出煤层煤体结构指标临界值的计算方法。实验室大量的煤样测试结果表明，瓦斯突出煤体和非突出煤体的导电性和介电性质存在着十分明显的差异。当电磁波穿透原生结构受到严重破坏的瓦斯突出煤体时，电磁波能量就会明显减弱或屏蔽而形成阴影，阴影区出现的位置是瓦斯突出煤体富集的部位或瓦斯突出煤体与地质构造共生的位置，此时可以通过地质雷达等电磁波进行超前探测（吕绍林等，2000；杨峰和彭苏萍，2006）。当煤层中存在强烈破坏的构造煤时，会出现低速区，槽波由于被吸收很多而不能继续向前传播，出现弱反射区或者衰减区域，指示瓦斯可能突出位置（胡国泽等，2013）。在一定地应力和瓦斯压力作用下，煤体弹性能量集中，当煤体力学强度较弱如存在软分层等缺陷时，煤体局部破坏从而释放应力波，这种现象可以通过声发射设备进行监控,利用煤体声发射特征规律预测煤与瓦斯突出(邹银辉等,2005)。煤与瓦斯突出前,煤岩发生变形破裂,该过程中,电磁辐射信号基本呈逐渐增强的趋势(聂百胜等,2002)。

煤层中压力变化后,煤层中的吸附态瓦斯解析,与游离态的瓦斯一起涌出到采掘空间,涌出瓦斯量以瓦斯相对涌出量和瓦斯绝对涌出量进行评价。瓦斯相对涌出量为每生产一吨煤的瓦斯涌出量,瓦斯绝对涌出量为每分钟涌出的瓦斯量,瓦斯绝对涌出量除以平均每分钟的煤产量,就是瓦斯相对涌出量。很明显,涌出量与煤层含气量、煤的开采等因素有关。目前,矿井瓦斯涌出量的主要预测方法是分源预测法,比如,在城山矿运用瓦斯地质统计法建立分源瓦斯涌出量预测关系式,对3B#、25#层采煤工作面瓦斯涌出量进行预测。对3B#、25#层进行煤与瓦斯突出危险性预测,瓦斯含量大于 $8m^3/t$ 的区域为突出危险区(石兴龙,2012)。基于回采工作面瓦斯分源涌出,利用人工神经网络分别预测开采煤层、邻近煤层、采空区三种来源的瓦斯涌出量(朱红青等,2007)。

考虑到瓦斯突出因素的主控性和多因素性,采用层次分析法和模糊综合评判法综合预测煤与瓦斯突出。运用层次分析法确定煤与瓦斯突出各影响因素的权重系数,采用隶属函数构造单因素判别矩阵,并运用模糊综合评判法建立煤与瓦斯突出预测模型。郭德勇等(2007)对平顶山研究区典型工作面进行了瓦斯突出危险性的定量预测和突出等级划分。黄为勇(2009)构建了基于支持向量机的瓦斯数据融合方法及其矿井瓦斯预警,通过多源的矿井瓦斯数据在数据级、特征级和决策级等三个层次上进行了以矿井瓦斯预警为目的的数据融合。

总体上,对瓦斯灾害隐患的预测技术繁多,这主要是由于瓦斯灾害受到多种地质条件和开采方法的综合影响。瓦斯灾害隐患预测可以归类为两种方法,一种是上游致因定量分析法,即定量分析井下环境的各主要致灾因素对矿井灾变发生发展的贡献,并据此建立分析灾变发生规律的数学模型,经数值分析求解,得到在已知环境条件下的灾变发生规律和相关参数的动态变化;一种是下游表征测定分析法,即分析致灾因素作用于井下环境后环境出现的灾前表现特征,这些特征往往具有可量测性。应用仪器测定其中可量测的参数(主要是特征)的变化,比如,声发射监测、电磁辐射监测等,并通过大量的统计资料和综合分析技术,分析这些灾前表现特征变化与灾害发生的关系,总结出灾害预测规律(周心权等,2002)。

无论是哪种方法,成功的前提是获得各个致灾因素的分布情况,并结合已有研究或生产中总结出的灾害主控因素及其演变规律,指导瓦斯灾害防治工作。从上述的研究可以看出,目前的瓦斯资料主要是通过钻孔、井下测试或井下物探等方法获取,对于瓦斯灾害预测意义重大。针对瓦斯灾害复杂的特征,如果能进一步结合先进的勘探技术,提供更翔实、丰富的地质资料,则有利于进一步促进井下生产安全高效开展。

1.3 煤田地震解释的国内外研究现状

三维地震资料的解释,是建立地震属性与各种地质异常的关系,利用地震属性来预测地质异常的过程。地震属性是指地震数据经过一定的数学变换后得到的与地震波有关的几何学、运动学、动力学或统计学特征。从属性的定义来看,属性是一个包含内容非常广泛的概念,可以说所有的地震资料都可以归到地震属性的范围。因此,很多学者对地震属性进行了归纳和分类。比如,Tanner 于 1994 年提出的几何属性和物理属性;Brown 于 1996 年提出的叠前属性和叠后属性;Quincy Chen 于 1997 年提出了三种地震属性分类方法:第一种是按属性提取的方法分为单道与多道分时窗属性、层位属性、体积属性和剖面属性;第二种是按地震波的运动学与动力学特征进行分类;第三种则是按储层特征进行分类。

在地震资料的解释过程中,双程时、三瞬属性、相干体、波阻抗属性、AVO(振幅随偏移距变化)属性应用广泛(武喜尊,2004;杨双安等,2004;赵锴,2007;杨德义等,2011)。双程时属性是地层反射波的到达时间。经过叠加偏移处理后的地震数据,是自激自收剖面,断层、陷落柱等构造破碎带两侧的反射波产生的时差,提供了构造的识别标志。三瞬属性是利用 Hilbert 变换的信号处理方法得到瞬时振幅、瞬时频率和瞬时相位三种地震属性。瞬时振幅是地震反射波强度的体现,该属性能反映地震波能量上的变化,可以突出岩层波阻抗的变化界面。瞬时相位是描述地震反射波同相轴的相位,该属性与地震波的能量强弱没有关系,常作为地震同相轴连续性的一个衡量标准。瞬时频率是相位的时间变化率,它能够反映组成地层的岩性变化,有助于识别地层(戴世鑫,2012)。地震相干体属性是利用地震波形的相干性,根据相干原理,计算中心地震道与相邻道之间的相干系数。当地质体稳定时,地震道之间的相干性高;当地质体出现异常时,相干性低。因此通过对比能很好地体现出地震资料中的异常现象,指导断层的剖面解释及平面组合(杜文凤,1998)。波阻抗属性是 20 世纪 70 年代早期由加拿大 TRD 有限公司的 RoyLindseth 博士开发的,该属性根据反褶积的原理,将常规的地震反射振幅与地下介质的波阻抗建立关系,从而把时间域的地震剖面转换成反映地下岩层的深度域波阻抗剖面,如果建立速度与密度之间的关系,由此还可以得到反映地下岩层的速度剖面或密度剖面。AVO 属性体现的是振幅随着偏移距的变化,利用该属性可以确定反射界面上覆、下伏介质的岩性特征及物性参数。借助 AVO 分析,地球物理学家可以更好地评估油气藏岩石属性,包括孔隙度、密度、岩性与流体含量。

煤田构造解释以时间域运动学信息为主,主要是根据各种地质构造在地震时间剖面上的双程时时差来判别,在确定了断层位置后,通过数据网格化方法、等值线编辑方法以及时深转换中的速度场建立技术,获得构造、煤层起伏等地质成果(杜文凤,1996;崔若飞等,2002;陈辉,2009)。该方法适用于地质条件简单和中等复杂的情况。在浅层地震地质条件差,深部地质条件复杂的情况下,会因为信息量小降低解释的精度和可靠性,比如,晋城赵庄矿区,由于静校正问题,漏解释一条落差为 5m、延展长度近 1000m 的断层,对煤矿的安全生产造成极大的影响。随着实践的不断摸索,逐渐增加了振幅变弱、方差异常、相干属性等地震属性进行综合判断(杜文凤,1996;彭苏萍,1997;崔若飞,1998;张爱敏,1998;彭苏萍等,1999)。以淮南煤田为例,利用全三维可视化技术探测出煤层内的旋扭构造和新构造运动,利用地震属性的运动学和动力学特征探测出煤系地层中的陷落柱,通过基于空变速度场的时深转换技术实现煤系地层及煤层结构的空间预测。这些复杂地质构造的发现以及煤层的空间预测结果，对于重新评价煤田开采条件和储量具有重要意义，能够有效地降低复杂地质条件下的勘探成本（彭苏萍等，2008）。

随着煤炭资源机械化开采的不断实践，现已逐步认识到不仅断层影响了煤炭资源的安全高效开采，而且岩性也能影响煤炭资源的安全开采，比如煤体结构变化容易引起应力释放，引发瓦斯突出灾害等。因此针对岩性方面的安全开采问题，煤田工作者根据煤田资料特点，通过改进反演技术，获得波阻抗属性和 AVO 属性，结合瓦斯突出、突水等地质灾害进行分析预警，获得了较好的效果，逐步形成了煤田地震反演技术。

地震反演是利用地表观测到的地震资料，以已知地质规律和钻井、测井资料为约束，对地下岩层空间结构和物理性质进行成像（求解）的过程。岩性资料是进行地震反演的重要基础资料。由于油田与煤田的生产需要不同，二者形成了不同的基础资料特征，比如，在油田领域，岩性资料往往包括：声波、密度、电阻率、人工伽玛、自然伽玛、中子、孔隙度测井、井径、岩心等资料；而煤田主要是常规的测井资料：电阻率、人工伽玛、自然伽玛、自然电位、井径。声波和密度是进行地震反演的基础，而煤田大部分的采区都缺少这些资料，或者是这方面的资料很少，因此，需要根据已有的测井资料拟合形成伪密度测井和伪声波测井。根据密度测井与自然伽玛和人工伽玛的关系，可以利用后面两种测井曲线求得密度测井，然后根据 Gardener 公式，或者是声波曲线与密度曲线的线性关系，进而求得声波曲线（刘家谨，1981；彭苏萍等，2003）。利用这种技术获得的伪测井曲线，在合成记录标定方面，具有较高的相关系数，表明该方法在没有声波、密度测井曲线的情况下，是一种可行的方法。

地震反演技术，根据地震资料的不同，可以划分为叠后反演和叠前反演。叠前反演利用叠前道集，而叠后反演利用经过偏移的叠加数据体。叠后反演求得的结果是波阻抗属性，该属性是岩石密度和声波速度的乘积。根据求取波阻抗方法的不同，地震反演可划分为直接反演和间接反演（祁少云等，1992）。直接反演方法包括道积分和递推反演法等，间接反演包括测井约束反演和地震多属性分析等。它们具有如下的特征：

道积分：一般说来，道积分就是利用叠后地震资料计算地层相对波阻抗的直接反演方法。因为它是在地层波阻抗随深度连续可微的条件下推导出来的，又称为连续反演。该方法无需钻孔控制，忠实于地震数据的岩石特征，主要优点是计算简单，递推累计误差小，其结果直接反映岩层的速度变化。但是这种方法受地震频带的限制，分辨率低，无法适应薄层解释的需要；其次无法求得绝对波阻抗和相对速度，结果比较粗略（孙家振和李兰斌，2002）。

递推反演法：它是基于反射系数递推计算地层波阻抗的地震反演方法。递推反演关键在于根据地震记录估算反射系数，得到能与已知钻孔最吻合的波阻抗信息，测井资料在其中起标定和质量控制作用。递推反演具有较宽的应用领域，可以用于煤田的波阻抗反演；在缺少钻孔测井资料、目的层较厚的情况下，利用其反演资料进行岩性分析，可以确定岩性、含水性等，比如利用递推反演可以分析深部灰岩的富水性，对其进行横向预测（邹冠贵等，2009）。由于受地震频带宽度的限制，递推反演资料的分辨率相对较低，不能满足薄层的研究需要。

　　间接方法都是从地质模型出发，采用模型优选迭代算法，通过不断修改更新模型，使模型正演合成的地震资料和实际地震资料之间的误差小于某一给定值为止（姚姚，2000）。间接方法主要是测井约束反演和地震多属性分析。利用测井资料建立地质模型，模型频带宽度没有限制，分辨率较高，该反演方法一般称为测井约束反演，结果依赖于初始模型和所提供的子波，具有多解性和全局最优的问题（彭苏萍等，2008）。在煤田领域，利用测井约束反演，可以对煤层顶底板中砂岩的富水性进行评价（蔡利文，2010；张辉，2010），可以对深部灰岩孔隙度进行预测（邹冠贵等，2009），对岩浆岩侵入煤层的范围进行圈定（钱进等，2010）。地震多属性分析通过神经网络算法，建立地质与地震属性之间的关系，获得拟测井数据体，结合地质需要进行分析（Brian *et al.*，2003；孔炜等，2003）。

　　叠后反演主要是基于褶积模型，并且求取的岩性参数是单个参数，在复杂的地质情况下，解决问题的能力有限。在20世纪60年代，地球物理学家发现在含油气的位置，地震振幅可能表现为一个亮点、平点或暗点。这主要是一种经验性的认识。在80年代，随着叠加技术的成熟，叠前道集的信噪比得到了极大的提高，地球物理学家观察到叠前道集上地震振幅随着偏移距的增大而增大，这是与常规认识相反的现象。进一步的研究表明，这种现象可以通过Zoeppritz方程（Zoeppritz，1919）来描述。基于该方程求得的反射系数公式表明，振幅是与入射角、反射界面两侧的密度、声波速度、横波速度有关的量。该方程具有重要的意义，一是从理论上指明了振幅变化规律；二是使振幅变化具有了明确的物理意义。因此，该方程为后来利用振幅信息反演岩性及流体性质奠定了数学和物理基础。

　　尽管描述平面波反射和透射的Zoeppritz方程在1919年就已经建立，但由于其在数学上的复杂性和物理上的非直观性，一直没有得到直接的应用。该方程提出以后虽然曾经有人从数值计算的角度对其进行过研究（Muskat、Merest，1940），但仍然没有实质性的进展。直到1955年，Koefoed通过研究不同模型岩性参数（主要讨论泊松比的影响）的平面波反射系数变化规律，提出泊松比是影响振幅随偏移距变化的主要因素，指出了AVO作为岩性指示因子的可能性（Tooley *et al.*，1965）。

　　80年代初，Ostrander（1982）首先提出利用反射系数随入射角变化的特点识别"亮点"型含气砂岩，指出含气砂岩反射振幅随偏移距的增加而增大，含水砂岩反射振幅随偏移距的增加而减小（Ostrander，1982）。这一现象的发现丰富了烃类检测的技术，引起了人们的重视。进一步的研究发现，Zoeppritz方程比较复杂，其代数表达式也复杂，不便求解，而且其物理含义也不明确。经过国内外学者多年来的努力，得到了一系列适用的近似公式。Bortfeld（1961）、Hilterman（1975）、Aki和Richards（1980）、Shuey（1985）、Smith和Gidlow（1987）、Ursin（1993）、Fatti等（1994）、Morris和Tatham（2003）等分别给出了自己的近似公式。这些近似公式除了表达形式不同外，精度和假设条件也不尽相同，推动了Zoeppritz方程的应用和发展，其中，Shuey近似公式由于物理意义简单明确，被广泛运用。Ruthorford等（1989）根据地震波垂直入射时反射系数的差别将砂岩分为三类；Castagna在1997年按振幅和截距两个属性把砂岩分为四类，其中只有第三类砂岩的振幅才是随着炮检距的增大而增加的（Rutherford *et al.*，

1989）。Ruger 给出了 HTI 各向异性的 Zoeppritz 方程近似公式，它包含了穿过一个界面时各向异性参数差异的影响（Ruger，2005）。

在利用 AVO 研究瓦斯富集区方面，彭苏萍分析了 AVO 技术探测含气砂岩与煤层瓦斯富集区的相似点与不同点，认为两者都是基于大泊松比引起的 AVO 梯度异常；不同点在于夹矸和裂隙增加了煤层的泊松比，而砂岩含气量增大，降低了泊松比。含气砂岩的顶界面 AVO 响应表现为负梯度，根据界面两侧的波阻抗差异其可能属于第一类、第二类或第三类 AVO 异常。然而，煤层的顶界面 AVO 响应表现为正梯度，属于第四类 AVO 异常。Peng 等（2006）分析了 AVO 技术探测煤层瓦斯的不利点和有利点，不利点为煤层与围岩的泊松比差异小时，煤层顶底板岩性变化大，吸附态瓦斯富集；有利点为煤层反射波信噪比高，AVO 异常相对简单。基于 Zoeppritz 方程，杜文凤等（2010）分析了振幅与偏移距的关系（AVO 现象），将瓦斯突出煤与非突出煤的物性参数，代入到振幅与偏移距的关系式中，并对其进行数值正演模拟，得到了反映煤层 AVO 响应的特征曲线。对该项工作的对比分析表明，瓦斯突出煤和非突出煤的顶界面 AVO 响应，表现为地震振幅随偏移距增加而减小的特点，其中，瓦斯突出煤的截距绝对值要大于非突出煤的截距绝对值，瓦斯突出煤的斜率要大于非突出煤的斜率。该项工作还分析了煤层厚度变化对 AVO 响应产生的影响，指出当瓦斯突出煤和非突出煤的厚度相同时，瓦斯突出煤的截距绝对值大于非突出煤；当厚度不同时，瓦斯突出煤的斜率大于非突出煤的斜率（杜文凤等，2010）。高云峰（2006）基于瓦斯地质理论分析了瓦斯富集的赋存机理，并和常规天然气赋存机理进行了对比，认为以构造煤为探测目标是比较可行的瓦斯突出危险预测方法；根据岩心实验室测试、钻孔测井以及 VSP（Vertical Seismic Profiling）资料，对含煤地层的岩石密度、纵波速度、横波速度等弹性参数进行了系统研究，建立了各弹性参数之间的相关关系；对淮南煤田两个三维地震勘探区的实际资料进行 AVO 分析，探讨了部分 AVO 属性所反映的煤层 AVO 异常的物理和地质意义，结果表明 AVO 梯度和伪泊松比反射系数对煤体结构最为敏感（高云峰，2006）。针对煤层厚度薄、煤层顶底界面波阻抗差较大的特点，从一般各向异性介质的弹性动力学方程出发，邓小娟等（2010）推导出了两层 EDA 介质水平界面情况下平面波的反射和透射系数公式，并进一步推导了三层介质（即 EDA 介质薄层位于两个各向同性介质之间）的平面波反射和透射系数。对煤系地层进行了纵波 AVO 正演模拟，结果发现：薄层的厚度和 EDA 介质的各向同性背景参数对薄层纵波反射系数有较大影响，裂隙开度对薄层反射系数几乎没有影响。基于 Hudson 等效介质理论和 Schoenberg 等效介质理论，构建了 6 类 HTI 构造煤模型，利用数值正演模拟煤层顶板的方位 AVO 记录，最终获得了 6 类模型的多方位 AVO 记录。研究分析表明：①当裂隙密度增大时，截距值减小，梯度值增大；②相对于泥岩顶板来说，砂岩顶板的 P 值较小，G 值较大。通过对 HTI 构造煤 GVAz 曲线的分析可知：①GVAz 曲线的周期为 180°，并在裂隙法向方位取最小值；②随着裂隙密度的增大，GVAz 曲线的波幅相应增大；③当裂隙水填充时，GVAz 曲线的波幅大于裂隙气填充时的波幅。因此，方位 AVO 的 P 值可以用来识别煤层的顶板岩性，GVAz 曲线的极值和波幅可分别用来获得裂隙发育法向和裂隙密度信息。就实际地震数据来说，较高的信噪比（>5）是进行方位 AVO 分析的前提（陈同俊和王新，

2010）。

　　上述的地震解释主要利用纵波进行地震资料的解释，随着采区地震勘探的发展，出现了利用多波资料进行煤田地质资料的分析，主要有：彭苏萍等以淮南矿区主采煤层13-1 煤为例，研究了不同结构煤层的测井曲线特征及其与瓦斯富集之间的关系；分析了多波多分量地震勘探技术在瓦斯勘探中的应用基础和主要技术方法，并建立了瓦斯富集区预测的测井参数门限和多波地震勘探的技术指标，明确指出瓦斯富集区和煤层瓦斯突出灾害区有本质不同，并在地球物理标志中有明显的分辨特征（彭苏萍等，2008）。同时，彭苏萍等指出瓦斯突出煤体在变形性质上与非突出煤体有很大差异，它的弹性模量基本上为非突出煤体的 1/3，而其泊松比约为非突出煤体的两倍（彭苏萍和高云峰，2004；彭苏萍等，2005）。为了利用转换波剖面得到横波波阻抗信息，杜文凤等（2010）通过建立转换波反射系数和横波反射系数之间的关系，直接从转换波地震数据中获取横波反射系数，把转换波叠后波阻抗反演问题转化为横波波阻抗反演问题。

　　国外专门针对煤、瓦斯勘探与开发问题所进行的地震勘探研究为数较少。在基础研究方面主要有美国 Cedar Hill 煤田 Fruitland 煤层岩心的速度测量、新南威尔士州二叠系地层的变速测量和国内河南、江西、安徽的几个矿区煤样的速度测量与弹性参数计算，以及根据煤层裂隙密度计算慢横波速度的模拟方法选择等。这些测定和计算的结果表明：①煤体中的裂隙影响煤岩的纵横波速度。对于有干裂缝或含气裂缝的煤层，其纵波和径向横波的速度，在平行裂缝方向上最大，垂直裂缝方向上最小，可借此检测裂缝方位。②在较低的围压下，煤的泊松比随裂缝密度的增加而增大，且对于水饱和岩心及气饱和岩心其增大程度不同，前者的增大程度比后者高。因此，煤的泊松比可作为判断裂缝密度和识别裂缝流体性质的一个标志。③由砂岩-煤层界面 P 波 AVO 响应的模拟计算表明 AVO 梯度是炮检方位与裂隙密度的函数。在中等入射角的情况下，炮检方位与裂缝走向平行时 AVO 梯度最小，垂直时最大；在炮检方位与裂隙方位垂直的情况下，AVO 梯度随裂缝密度的增加而变大，当裂缝密度为零时，AVO 梯度等同于各向同性情况（Antonio et al.，1994；Chen et al.，2001；Brian et al.，2003；Michael and Stan，2003）。上述规律可作为 P 波检测裂缝方位与密度的依据。④Hudson 模型不适用于模拟裂缝密度很高的煤层（用这种模拟计算的横波速度偏小），而 Cheng 和 Thomsen 的模型具有较高的计算精度。⑤单层煤往往很薄。由于薄层造成的振幅调谐作用，不利于使用快慢波时差分析法监测煤层的各向异性，而对夹在沉积碎屑岩中的各向异性薄层煤系列进行各向异性分析却是可行的。⑥横波四分量的交叉分量或转换横波的横向分量，其波的振幅和极性随炮检方位的相对变化是检测裂缝方位的敏感参数。⑦不同方位的纵、横波速度对围压大小很敏感，在围压较小时（裂缝开启）速度变化大；当围压增加到一定程度时，不同方位的纵、横波速度变化较小。可见速度随方向的变化不仅与裂缝状态有关，还与围压大小有关（Edward et al.，1993；Davis et al.，1993；Chaimou et al.，1995；Thomsen et al.，1995；Shuck et al.，1996）。

　　国外有关的应用史例寥寥无几。其中美国科罗拉多矿业学院储层特征项目组于1991 年 10～11 月在新墨西哥州圣胡安盆地的 Cedar Hill 煤田所进行的三维九分量地震勘探实验是一个典型的代表（Edward et al.，1993）。这次实验的主要目的是探讨用多波多分量地震数据描述煤层甲烷储层特征的可行性。煤层作为一种特殊的储集层，它由不渗透和各向异性的自然裂缝组（面割理及与其相交的端割理）构成。甲烷气即储集在裂缝之中，并大部分吸附在裂缝表面。煤层之间的砂页岩互层内的裂缝比煤层少得多，从而为煤层提供了较好的封闭条件。由于煤层与顶底板岩石相比有较大的负波阻抗值，所以当煤层的裂缝密度增大时，横波反射振幅将随之增高（而不像碳酸岩储层那样，随之降低）；由于煤层几乎没有基质空隙，因此它可按各向异性介质来模拟，并且煤中裂缝密度极高，表现出很强的各向异性，因此，煤层是开展多波多分量储层特征描述的理想介质。本次实验采用了宽线束三维观测系统，共采集三束 3D9C 数据（覆盖面积 3.4km²），一条 2D9C 数据，一口 3CVSP 测井。用 Alford 四分量旋转法确定裂缝方位，用快慢波时差确定较厚层段的各向异性，而用振幅导出的速度估算煤层的各向异性，用纵波数据绘制地质构造图和识别超压带。研究结果表明：该区的煤储层极不均匀，且分割成好多区块，如果在确定钻井位置之前，有这些多分量数据的分析，其钻井效果肯定会更好。随后该项目组又利用这次实验采集的 P 波数据进行了三维 AVO 分析。在全区共抽出 9 个共中心点大面元（55m×55m）道集，经预处理和部分叠加后调入 AVO 分析模块，用 Shuey 的 P 波反射系数线性表达式求出 AVO 截距 R 和梯度 G，进而计算出截距梯度乘积 R·G 和泊松比反射率 $\Delta\sigma$；然后根据 R·G 和 $\Delta\sigma$ 平面分布图上的高值区圈定出裂缝发育带。

从上述的文献资料可以看出，利用地震反演技术，可以进行煤层构造、煤体结构、瓦斯富集区方面的研究。对于瓦斯富集区的研究，目前主要是认为煤体结构和瓦斯富集区关系密切，通过对煤体结构的预测来间接预测瓦斯富集区，并认为构造煤是瓦斯突出的主体。

1.4 已有研究的不足

目前，瓦斯灾害的研究取得了大量的进展，揭示出瓦斯灾害是多种因素耦合的复杂现象，同时存在以下方面的不足：

（1）煤与瓦斯突出是多种地质因素耦合的地质现象，经过多年的经验总结和理论研究，表明构造煤是主控因素。采用传统的地质方法，比如钻孔、井下取心测试，对瓦斯赋存状态进行预测，控制点稀疏；采用地质雷达、槽波等井下物探，存在探测距离局限性。由于不同地区的含煤地层成煤时期不同；同一成煤时期的含煤地层，经受了多期构造作用，煤体结构、煤层厚度、煤层含气量等地质因素存在变化。希望在获得局部地质因素展布的同时，也能获得远离控制点的地质因素展布特征，因此，不仅需要传统方法，还需要采用横向预测精度高的物探方法，比如地震勘探技术，从而为复杂地质条件矿区的安全高产高效生产提供更为全面的地质资料。

（2）三维地震构造探查技术在地震地质条件较好的区域取得了较好的成果，晋城矿区地表起伏，沟壑发育，部分地区为基岩出露或黄土覆盖，表浅层的地震地质条件较差，给地震勘探带来了较大的难度。前期开展的三维地震勘探工作，主要围绕构造探查开展，小构造漏解释、误解释的情况较多。

（3）通过地震勘探技术，可以划分出煤体结构。然而，根据研究可知，构造煤在煤层中主要以局部分布的方式存在。比如，5m 厚的原生煤层中，其中构造煤为 1m 厚，传统方法主要是把煤层作为一个整体，低阻抗代表构造煤的分布。而实际上，构造煤存在局部分布特征，因此，把煤层作为一个整体预测构造煤的展布，存在误导性的结果。

（4）目前，瓦斯的地球物理评价研究已经取得了一些进展，但总的来说还有许多问题有待解决。已有研究中存在的问题主要包括：对于具有油田地球物理工作经历的学者，往往认为利用天然气的地震 AVO 反演技术就可以解决；而具有煤田地球物理工作经历的学者认识到了天然气的 AVO 反演技术对于瓦斯勘探具有缺陷，因此主要是通过 AVO 技术来划分煤体结构，进而间接地预测瓦斯富集区。由于煤与瓦斯突出中，煤层含气量是一个重要的参数，如何通过地震技术直接获得含气量是一个需要探讨的问题。

1.5　本书主要研究内容

地震勘探技术自我国 60 年代开展工作以来，经历了从二维勘探到三维勘探，大构造探查到小构造探查，构造探查到岩性探查的技术实践。随着地震勘探技术的不断进步，目前已经能够提供丰富的地质成果，如构造、煤层厚度、顶底板岩性、煤体结构、煤层含气量等。与钻探、井下测试相比，地震勘探成果的控制点更密集，比如网格控制可以达到 5m×10m 或 5m×5m；地震探查精度较高，比如在淮南、永城等地震地质条件较好的地区，实现了 3m 小构造的探查等；地震探查成本低，比如，钻探、井下测试仅局限于一个点，对于远离控制点的地质情况控制程度低，而三维地震在控制点上密集，如果通过钻探、井下测试实现地震的控制点密度，其工程造价远远高于地震勘探。通过地震勘探技术，实现地质与地震的结合，则能为我国的瓦斯灾害提供详细的地质成果和瓦斯灾害防治指导。

针对晋城矿区表浅层地震地质条件较差，静校正问题严重，小构造漏解释多的问题，选取晋城矿区内的寺河煤矿和赵庄煤矿为例开展相关研究。寺河煤矿位于沁水盆地的南端，煤层平均含气量 12.4m³/t，渗透性好，发生有煤与瓦斯突出现象，是沁水盆地的主要瓦斯开发区。赵庄煤矿位于沁水盆地的中部，煤层平均含气量 12.37m³/t，煤层较软，渗透性一般，多次发生煤与瓦斯突出现象，瓦斯的抽采较难。以这两个矿区为例，研究采区地震资料高分辨率处理，采区断层、陷落柱、采空区等构造的地震解释方法，煤层厚度的地震属性预测，基于波阻抗反演的煤体结构划分，以及基于地震叠前反演的煤层含气量预测方法。

为了完成上述任务，主要尝试开展以下工作：

1）晋城矿区煤矿地质特征研究

首先从总体上分析晋城矿区的地质特征；然后分别结合寺河煤矿和赵庄煤矿的地质特征，总结勘探区内的煤与瓦斯突出与构造煤、小构造、煤层厚度、煤层含气量之间的关系，分析瓦斯突出的主控地质因素。

2）起伏地表下的采区地震资料高分辨率处理

起伏地表引起了浅层地震地质条件很大的变化，同时引起深部煤层反射波的畸变。针对采区地震高分辨率的要求，研究以静校正和叠前偏移为核心的地震资料处理方法，分析了静校正、去噪、叠前偏移等关键技术。

3）煤层厚度的预测方法

煤层厚度预测，关键是获得与煤层厚度关系密切的地震属性。这里通过楔形模型，分析了煤层厚度与地震属性之间的关系，利用克里金地质统计学方法，获得煤层厚度分布情况。

4）煤体结构的预测方法

构造煤是瓦斯突出的主体，根据不同煤体结构在测井上的响应特征，建立构造煤识别方法，通过分析波阻抗数据和构造煤的关系，预测采区内的构造煤分布。

5）煤层含气量的地球物理响应

矿区采用煤层含气量表征吨煤含气量，根据大量含气量数据，通过研究煤层含气量与地震振幅截距、梯度、流体因子、横波波阻抗等叠前属性的关系，以相关系数表征两者之间的相关性，建立煤层含气量的预测方法和技术体系。

第 2 章 晋城矿区地质概况及 影响瓦斯突出的地质因素

煤矿建井和开发期间，需要对煤层瓦斯灾害的相关地质因素进行分析，为煤层的突出危险性评价提供基础性资料。根据晋城矿区的钻孔、露头等资料，分析矿区内地层概况；结合寺河矿区和赵庄矿区的含煤地层地质特征，分析这些地质因素与瓦斯灾害之间的关系，进而指导后续的地震资料解释工作。

2.1 晋城矿区含煤地层

2.1.1 地层特征

沁水盆地晋城矿区内地层从老到新有：奥陶系中统峰峰组，石炭系中统本溪组、上统太原组，二叠系下统山西组、下石盒子组、上统上石盒子组、石千峰组及新生界新近系、第四系地层，如图 2.1 所示。现据钻孔、露头揭露资料，将地层由老至新简述如下：

1. 奥陶系中统峰峰组（O_2f）

为含煤岩系的基底，厚 122.10 ~ 154.62m，平均厚 144.84m。上部为灰色 ~ 灰白色巨厚层状隐晶质石灰岩，间夹白云岩及角砾状灰岩，有时为泥质石灰岩。中部为灰色角砾状泥灰岩和石灰岩。下部为灰色石灰岩、浅灰色中厚层状白云岩、白云质灰岩、含泥石灰岩。

2. 石炭系中统本溪组（C_2b）

厚 0 ~ 19.55m，平均厚 11.22m。上、中部为浅灰 ~ 灰色含菱铁质泥岩、铝土质泥岩，具鲕粒结构。中下部夹石英砂岩，偶见煤层及石灰岩。底部为薄层铁质泥岩或铁质粉砂岩，含黄铁矿、菱铁矿结核或透镜体，即"山西式铁矿"。与下伏峰峰组呈平行不整合接触。

3. 石炭系上统太原组（C_3t）

平均厚 107.4m。为一套海陆交互相含煤地层，由深灰 ~ 灰黑色砂岩、粉砂岩、砂质泥岩、泥岩、煤层及石灰岩组成。其中含煤 3 ~ 4 层，含石灰岩或泥灰岩 4 ~ 7 层。底

部 K_1 砂岩与下伏本溪组呈整合接触。

4. 二叠系下统山西组（P_1s）

K_7 砂岩底至 K_8 砂岩底，厚 37.43～71.46m，平均 46.10m。由砂岩、砂质泥岩、泥岩及煤组成。底砂岩 K_7 厚 0～9.27m，平均 2.10m。为灰色～灰白色细～中粒砂岩，局部为粉砂岩。与下伏太原组为整合接触。

5. 二叠系下统下石盒子组（P_1x）

平均厚 65.46m，与下伏山西组为整合接触，按岩性特征分上、下两段。

1) 下段（P_1x^1）

K_8 砂岩底至 K_9 砂岩底。岩性为灰～深灰色砂质泥岩、泥岩夹粉砂岩，偶见煤线。底砂岩（K_8）厚 0.93～17.09m，平均 4.76m，为灰白色～浅灰色中～细粒砂岩。

2) 上段（P_1x^2）

K_9 砂岩底至 K_{10} 砂岩底。岩性为灰绿色泥岩、砂质泥岩及灰绿色砂岩，顶部为灰色～紫红色含铝泥岩，含铁锰质鲕粒，俗称"桃花泥岩"。

6. 二叠系上统上石盒子组（P_2s）

K_{10} 砂岩底至 K_{14} 砂岩底，厚 440.81～574.43m，平均 512.74m。由杂色泥岩、砂质泥岩及黄绿色砂岩组成。与下伏下石盒子组为整合接触。按岩性组合特征，分上、中、下三段。

1) 下段（P_2s^1）

K_{10} 砂岩底至 K_{12} 砂岩底，厚 169.80～219.30m，平均 196.27m。以黄绿色、紫红色砂质泥岩、泥岩为主，夹灰绿色砂岩。局部含铁质鲕粒和结核，个别地段含铁矿层。底砂岩 K_{10} 厚 1.70～21.35m，平均 7.14m，为灰白色含砾中～粗粒砂岩。

2) 中段（P_2s^2）

K_{12} 砂岩底至 K_{13} 砂岩底，厚 90.20～127.38m，平均 105.88m。由灰白～黄绿色中～厚层状砂岩与黄绿色、紫红色砂质泥岩、粉砂岩互层组成。以砂岩为主，交错层理发育。

3) 上段（P_2s^3）

K_{13} 砂岩底至 K_{14} 砂岩底，厚 180.81～27.75m，平均 210.59m。由黄绿色、紫红色砂质泥岩、泥岩组成，砂岩不稳定。顶部砂质泥岩中夹燧石层或条带，这是上石盒子组与石千峰组分界的良好辅助标志层。

7. 二叠系上统石千峰组（P_2sh）

勘探区内出露不全，最大残留厚度约 130m，根据岩性特征，分上下两段。

1) 下段（P_2sh^1）

厚约 95m。由黄绿色中粗粒砂岩夹紫红色泥岩组成，泥岩中含钙质结核，底砂岩 K_{14}，岩性为灰黄色含砾中粗粒砂岩。与下伏上石盒子组为整合接触。

2）上段（P_2sh^2）

勘探区内出露不全，最大残留厚度约35m。岩性为紫红色、砖红色砂质泥岩及泥岩夹灰绿色细粒砂岩薄层或透镜体。

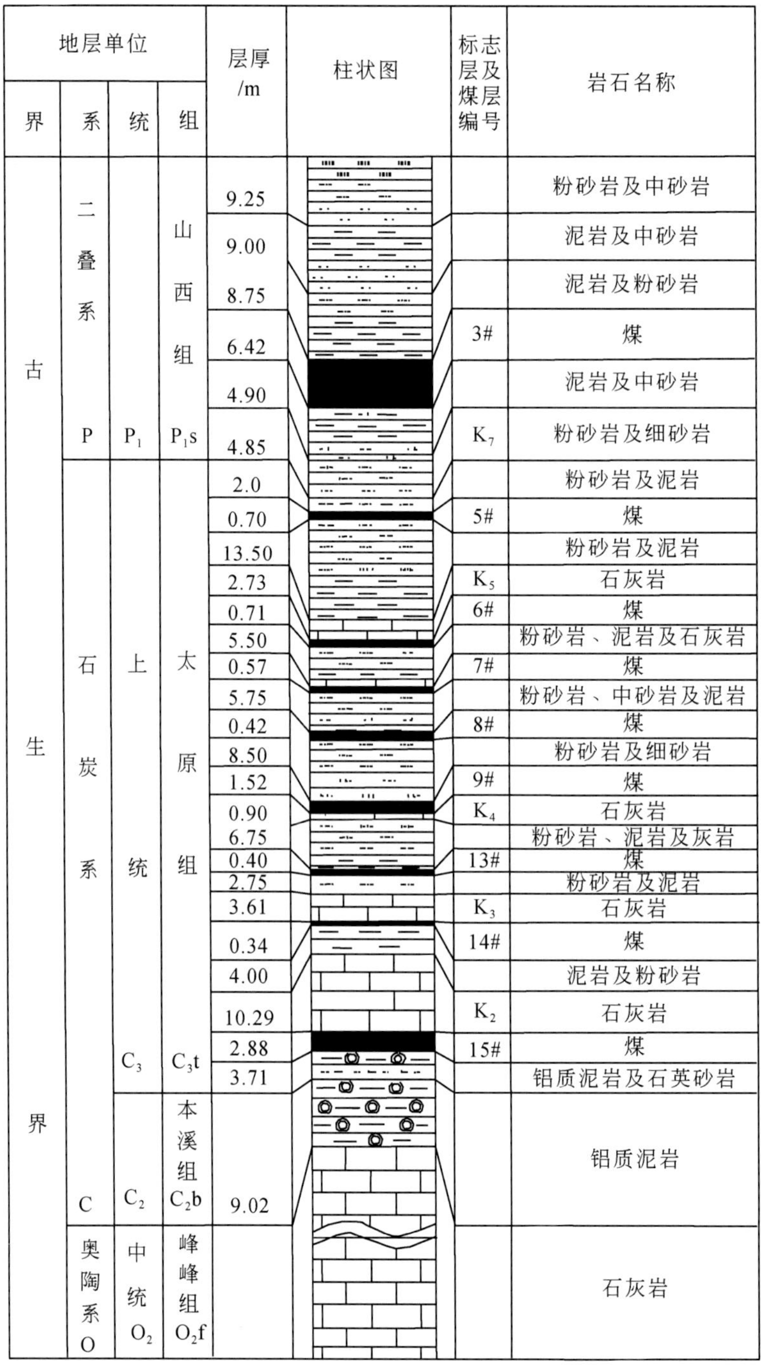

地层单位				层厚/m	柱状图	标志层及煤层编号	岩石名称
界	系	统	组				
古生界	二叠系 P	下二叠统 P_1	山西组 P_1s	9.25			粉砂岩及中砂岩
				9.00			泥岩及中砂岩
				8.75			泥岩及粉砂岩
				6.42		3#	煤
				4.90			泥岩及中砂岩
				4.85		K_7	粉砂岩及细砂岩
	石炭系 C	上统	太原组	2.0			粉砂岩及泥岩
				0.70		5#	煤
				13.50			粉砂岩及泥岩
				2.73		K_5	石灰岩
				0.71		6#	煤
				5.50			粉砂岩、泥岩及石灰岩
				0.57		7#	煤
				5.75			粉砂岩、中砂岩及泥岩
				0.42		8#	煤
				8.50			粉砂岩及细砂岩
				1.52		9#	煤
				0.90		K_4	石灰岩
				6.75			粉砂岩、泥岩及灰岩
				0.40		13#	煤
				2.75			粉砂岩及泥岩
				3.61		K_3	石灰岩
				0.34		14#	煤
				4.00			泥岩及粉砂岩
				10.29		K_2	石灰岩
		C_3	C_3t	2.88		15#	煤
				3.71			铝质泥岩及石英砂岩
界	C	中统 C_2	本溪组 C_2b	9.02			铝质泥岩
	奥陶系 O	中统 O_2	峰峰组 O_2f				石灰岩

图2.1　沁水盆地晋城矿区典型钻孔柱状图

8. 上新统（N_2）

厚 0~15m，平均约 5m。区内分布较少。由棕红色、褐红色黏土、亚黏土组成，表面有铁锰质薄膜，与下伏各地层为不整合接触。

9. 第四系（Q）

1）中更新统（Q_2）

厚 0~15m，平均约 5m。岩性为浅棕红色含砂黏土，常含钙质结核及砾石，与下伏各时代地层为不整合接触。

2）上更新统（Q_3）

厚 0~20m，平均约 10m。主要岩性为浅棕黄色砂质黏土、含砂黏土。

3）全新统（Q_4）

厚 0~10m，平均厚 3m，是由细砂、粉砂、砂土组成的一套近代河床冲积物。

2.1.2　煤层

沁水盆地晋城矿区含煤地层为石炭系上统太原组（C_3t）和二叠系下统山西组（P_1s），含煤地层平均厚度为 147.44m，共含煤层 15 层，煤层平均厚度为 12.58m，平均含煤系数为 8.5%。

1. 二叠系下统山西组（P_1s）

为勘探区内主要含煤地层之一，一般含煤 1~3 层，自上而下煤层编号为 1#、2#、3#，总平均厚度为 5.58m，含煤系数为 11.99%，其中位于本组下部的 3#煤层全勘探区稳定可采，其余煤层为不稳定、不可采煤层，不具工业开采价值。

2. 石炭系上统太原组（C_3t）

为勘探区内主要含煤地层之一，一般含煤 11~12 层，自上而下编号为 5#、6#、7#、8-1#、8-2#、9#、10#、11#、12#、13#、15#、16#，平均厚度为 6.50m，含煤指数为 6.44%，位于本组下段的 15#煤层，全勘探区稳定可采，其余煤层为局部可采或不可采煤层。

寺河煤矿、赵庄煤矿主要可采煤层为山西组 3#煤层和太原组 15#煤层。

1）3#煤层

位于二叠系山西组（P_1s）下部，上距 K_8 砂岩 24.08~48.53m，平均 37.39m，下距 K_7 砂岩 0~12.80m，层位稳定。厚度为 4.64~5.45m，平均 4.72m。夹矸一般为一层，位于煤层下部，结构简单。顶板主要是泥岩、砂质泥岩，次为粉砂岩，局部为中、细粒砂岩；底板主要是泥岩、砂质泥岩，个别为中、细粒砂岩或粉砂岩。为全区稳定的主要可采煤层之一，也是本次三维地震勘探的主要目的煤层之一。

2) 15#煤层

位于石炭系上统太原组（C_3t），上距 K_2 石灰岩平均 4.30m，煤层稳定。煤厚为 3.15 ~ 3.85m，平均 3.62m。结构简单 ~ 复杂，含 0 ~ 3 层泥岩夹矸，为全区主要可采煤层之一。

2.2 地质构造发育规律

2.2.1 沁水盆地构造特征

沁水盆地位于山西省东南部，为 NE ~ NNE 向展布的宽缓复向斜构造，北为五台山隆起，南为中条山隆起，东为太行山隆起，西界由北向南依次为吕梁隆起、晋中断陷、霍山隆起、临汾–运城断陷。盆地内以低山丘陵为主，山峰与沟谷纵横，山间盆地和河流谷地广布，地形较为复杂。隆起区主要由震旦系 ~ 奥陶系地层构成，盆地内有二叠系 ~ 三叠系地层出露，大部分被新近系和第四系地层所覆盖。二叠下系统山西组 3#煤层和石炭系上统太原组 15#煤层，埋深介于 200 ~ 2000m，以中–高变质烟煤和无烟煤为主。全煤田地质勘探程度高，多数为精查区和详查区。经过长期煤田地质勘探发现，整个煤田构造简单，煤层含气量较高，瓦斯资源量丰富。

沁水盆地被晋中断陷和霍山隆起分割为三个部分，即沁水煤田、西山煤田和霍西煤田。沁水向斜构成了一个独立的小构造盆地，本书研究的寺河煤矿西采区即处于沁水复向斜的南部转折端，赵庄矿区位于东部太行山大断裂长治市附近，如图 2.2 所示。

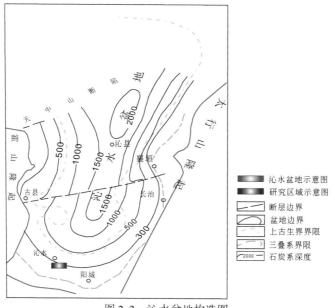

图 2.2 沁水盆地构造图

2.2.2　晋城矿区构造特征

晋城矿区位于太行山隆起南端西侧，沁水复向斜盆地南端。矿区构造受太行山造山带构造作用影响明显，矿区东部分布着 NNE 向的伊侯山断层、陈沟断层、白马断层；矿区西部分布着 NWW-NNE 向展布的土沃–寺头弧形断裂带，如图 2.3 所示。地层总体倾向 NWW，倾角 5 ~ 15°。主体构造为 NNE 向、近 SN 向展布的向、背斜和断裂构造，其次是近 EW 向、NE 向、NWW 向的褶皱和断裂构造，局部还发育有 NNW 向的小褶皱。由于燕山中期发生的岩浆热事件，晋城矿区煤层发生二次生烃作用使得瓦斯地质条件更加复杂。沁水煤田南端的晋城矿区，由于 NNE 向构造与 EW 向构的复合，加上二次生烃作用，成为瓦斯地质复杂区。

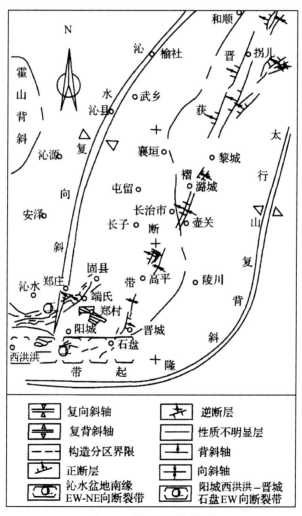

图 2.3　晋城矿区构造图

2.2.3　寺河煤矿西采区一块段构造特征

西采区一块段位于寺河井田西部，沁水煤田东南部，沁水复向斜盆地的南端东翼，阳城山字型构造体系脊柱部分的南端，马蹄形盾地的北侧，处于晋获褶断带、土沃–寺头断裂带及阳城西洪洪–晋城石盘EW向断裂带之间。西采区一块段煤层总体为一走向近NNE的褶曲构造，如图2.4所示。区内无大、中型断层发育，主要发育数条断层和陷落柱；勘探区主要在中部发育一个向斜和一个背斜，轴向为NNE向，两翼宽缓，倾角一般小于10°。在此基础上勘探区发育了宽缓褶曲，煤层波状起伏，倾角一般5°左右。3#、15#煤层底板标高的最低点位于勘探区的东北角，3#煤、15#煤最低点分别为152.5m、250m；最高点位于中下部，3#煤、15#煤最高点分别为500m、420m。煤层底板波状起伏，倾角一般小于10°。

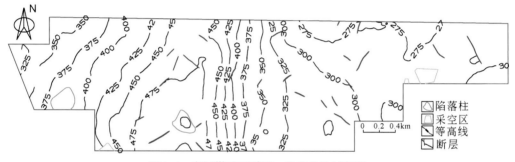

图2.4　寺河煤矿西采区一块段构造特征图

从煤层的底板等高线可以看出，煤层受轴向NNE褶曲的影响。受构造影响3#煤自西向东主要有 I 背斜、II 向斜。现分述如下：

I 背斜：位于勘探区的西部，轴向NNE，枢纽向N倾斜，轴部较缓，两翼不对称，西翼倾角为6°~10°，东翼倾角稍大于西翼，为7°~14°。延展长度1320m。

II 向斜：位于勘探区的中偏东部，轴向近NE，枢纽向N倾斜，轴部较缓，两翼基本对称，轴面弯曲，两翼倾角为6°~9°。延展长度1300m。

同时，在西采区一块段内，还发育有多个小褶曲。I 背斜的西翼，发育有三个褶曲；在 I 背斜的东翼和 II 向斜的西翼之间，发育一个小背斜；在 II 向斜的东翼，发育有一个背斜。

2.2.4　赵庄煤矿二、四标段构造特征

研究区内煤层总体为走向NE-NNE、倾向NW-NWW，倾角3°~7°的单斜构造，在此基础上区内发育一些小褶曲，如图2.5所示。整个勘探区内构造比较简单，区内无大断层发育，主要发育中小型断层和陷落柱。3#煤层底板标高的最低点位于四标段的东北部，3#煤底板标高最低为270.5m；最高点位于四标段，3#煤最高点为510m。受整个勘

探区构造的影响，二标段中下部发育一小向斜，最低点达到 320m 左右；二标段上部发育一小背斜，最高点达到 420m 左右；四标段中部发育一小背斜，最高点达到 450m。

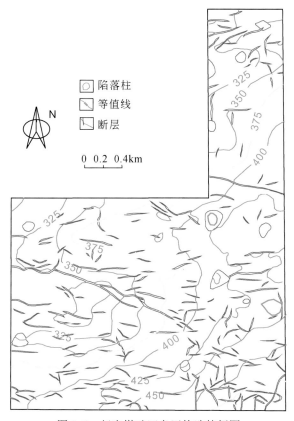

图 2.5　赵庄煤矿四盘区构造特征图

从煤层的底板等高线可以看出，煤层受轴向为 NNE 的褶曲的影响，3#煤和 15#煤在受构造影响的起伏形态上基本一致，自西向东主要有 I 背斜、II 向斜。现分述如下：

I 背斜：位于勘探区西部偏北，轴向近 E，轴部较缓，两翼基本对称，南翼倾角约为 5°～7°，北翼倾角稍大于南翼。延展长度 1876m。

II 向斜：位于勘探区西部偏南，轴向近 SE，轴部较缓，轴面弯曲，两翼不对称，北翼倾角为 5°～7°，南翼倾角大于北翼，为 7°～12°。延展长度 1765m。

2.3　影响瓦斯突出的地质因素

瓦斯是地质演化的产物，形成于煤层，又储存在煤层中。煤与瓦斯突出，首先煤层中的构造煤是形成突出的基础，因为局部软煤容易发生力学失稳；其次，瓦斯富集是必要条件，在一定矿压下发生煤与瓦斯突出。因此瓦斯突出与所处地质环境、煤层本身之间的关系密切。

2.3.1　地质构造

晋城矿区含煤地层主要形成于石炭纪和二叠纪，在历史时期上经历了多期构造运动，因此部分煤田的构造发育。在煤田中常见的地质构造有：向斜、背斜等褶曲，正断层、逆断层、陷落柱等。由于构造作用产生局部突变构成的瓦斯突出隐患，主要体现在以下几方面：

（1）褶曲构造易产生瓦斯局部富集。总体上，向斜复合构造部位瓦斯含量比背斜的大；在向斜复合构造上，背斜位置的含气量大。出现这种情况的原因主要是背斜的轴部地层存在大量张性裂隙，瓦斯封存能力弱，煤层瓦斯含量小；而在两翼下部，尤其是在向斜位置，地层破坏不严重，瓦斯保存条件较好，瓦斯含量大。在向斜复合构造位置上，发育有背斜的位置含大量的裂隙，具有较多的瓦斯存储空间，因此在向斜复合构造的背斜位置，瓦斯含量较高。

（2）断层对煤层含气性、煤体结构的影响，与断层性质、断层破碎带的封堵性有关。比如断层错断后，煤层与深部的灰岩水导通，形成开放性断层，则瓦斯随着水文地质活动被带走，瓦斯不富集；而封闭性断层，比如断层错断后，煤层错断面与泥岩接触，围岩透气性不好，瓦斯释放能力降低，断层发育造成煤体破碎，形成构造煤，断层破碎带与前方积聚的瓦斯形成一条密闭的屏障，对瓦斯排放起阻隔作用，有利于瓦斯的封存。比如，寺河煤矿西区西轨大巷、西胶大巷和西回大巷掘进工作面前方分布着DF7、DF8、DF9逆断层，这些断层周围软煤发育，构造应力集中，加之逆断层有利于封存瓦斯，具备一定的突出危险性，在井下多次发生大量煤与瓦斯突出现象。

2.3.2　煤层厚度

煤层厚度与煤层的形成和后期改造密切相关。晋城矿区的石炭纪太原组和二叠纪山西组含煤地层，属于河流相沉积。植物沉积后在沼泽地形成腐殖质或泥炭，经过压实、成岩作用，形成褐煤，在一定的地下温度和压力作用下，产生变质作用，形成烟煤或无烟煤。煤层厚度与植物沉积、沼泽面两者之间的相对平衡密切相关。比如，沼泽面的下降速度小于植物沉积速度时，泥炭化作用停止，从而形成煤的夹矸或顶板；当植物沉积速度与沼泽面下降速度相对平衡时，有利于形成煤层；当沼泽面的下降速度大于植物沉积速度时，植物沉积暴露而被风化剥蚀。煤层形成后，在构造作用下，煤体发生挤压拉伸等变形，从而引起煤层厚度变化。比如，在正断层附近，煤层受到拉伸作用，厚度变薄；在逆断层附近，煤层受到挤压作用，厚度增大。构造作用不仅会引起煤层厚度发生变化，同时也会引起煤体结构的变化，使原生煤产生碎裂、强烈破坏等。厚度变化带和构造煤两种因素的耦合，常常使得瓦斯突出的危险性急剧增大。

晋城矿区的寺河煤矿、赵庄煤矿，煤层厚度总体上比较稳定，在局部体现出由沉积和构造综合作用形成的局部煤层厚度增大，并且伴有构造煤展布，构成瓦斯易突出部位。

2.3.3　煤体结构

煤层形成后，经过构造作用和变质作用，发生变形、破坏。根据煤的光泽、煤岩结构和构造特征、节理、强度等特征，可以划分出相应的煤体结构。这里采用《防治煤与瓦斯突出规定》的煤岩结构划分，煤体结构可以划分为 I 类（非破坏煤，或者称原生煤）、II 类（破坏煤）、III 类（强烈破坏煤）、IV 类（粉碎煤）、V 类（全粉煤），其中后三种煤体结构统称为构造煤。经过多年的经验总结和研究发现，虽然有构造煤的部位不一定突出，但是突出部位的都是构造煤。主要原因是构造煤具有如下的特征：原生煤体经受强烈的破坏后，煤岩颗粒化，此时煤岩颗粒比表面积急剧增大，孔隙度增大，对瓦斯的吸附能力增强；构造煤具有相对较软的特征，因此其煤岩抵抗外力的能力低，构造煤稳定性容易被破坏，从而发生快速、大量的瓦斯解吸，瓦斯急剧涌出，引起煤岩失衡，发生煤与瓦斯突出。在寺河煤矿，大部分煤体结构为 II 类（破坏煤），煤岩的杨氏模量较大，在少数的构造煤部位进行井下瓦斯抽采，常发生顶钻、煤与瓦斯突出。在赵庄煤矿，大部分煤体结构为 III 类，在相对更软的 V 类（全粉煤）部位易发生煤与瓦斯突出。

2.3.4　煤层的含气量特征

瓦斯的生成条件、运移规律以及赋存、分布规律都受极其复杂的地质作用控制，煤层含气量评价了每吨煤中含有瓦斯的多少，这是进行煤与瓦斯突出危险性区域预测和瓦斯涌出量预测的关键，也是瓦斯地质图编制的基础。瓦斯生于煤层，储存在煤层中，煤层含气量的大小，与所处地质环境、煤层本身之间的关系密切。根据晋城矿区寺河煤矿和赵庄煤矿的地质资料表明，主采 3#煤层原始瓦斯含量平均为 $12m^3/t$。向斜复合构造部位构造煤比较发育，瓦斯含量较大；在顶底板为厚层泥岩的情况下，含气量增加明显；在断层导通深部灰岩位置，煤层的瓦斯含量明显降低；在小断层部位，断层带泥岩的封堵作用，引起小构造部位瓦斯含量明显增大；煤层含气量与煤层埋藏深度有关，主要随着上覆有效地层厚度增大成线性规律增加，上覆有效地层厚度为煤层到上个不整合界面的地层厚度。在晋城矿区寺河煤矿、赵庄煤矿，二叠纪山西组完整，下石盒子组完整，缺失中石盒子组，因此主采山西组 3#煤层到二叠纪下石盒子组顶界面的厚度为 3#煤层的上覆有效地层厚度。煤层围岩的隔气性和透气性能直接影响瓦斯的赋存条件。顶底板泥岩厚度越大，越有利于瓦斯的保存。在部分煤矿，煤层顶底板主要为致密的粉砂岩时，岩石的隔气性好，瓦斯含气量明显增大。这些情况表明，晋城矿区煤层含气量与褶曲、构造、煤层厚度、顶底板岩性、水文地质条件都密切相关。

第3章 晋城矿区煤田地震资料处理技术

煤田地震资料的数据处理，主要是为后续的构造、煤层厚度、顶底板岩性、煤体结构等地震资料解释提供基础资料。为了获得高质量的解释成果，要求地震资料的处理具有高分辨率、高保真的特征。影响地震资料质量的主要因素有地形起伏、表浅层地震地质条件变化，风吹等自然活动和电线杆、汽车等人类活动会引起无规则干扰波和直达波、折射波、多次波等规则干扰波，因此在地震资料的处理过程中，需要面对静校正、信噪比和分辨率等一系列挑战。

本章以沁水盆地晋城矿区的寺河煤矿、赵庄煤矿为例，给出了煤田地震资料处理过程中的关键性技术的处理效果，如振幅补偿、反褶积、面波压制、剩余静校正、速度分析、偏移等关键技术，进而提高地震资料的分辨率和信噪比，使得地震资料具有较高的成像质量。

3.1 煤田地震资料的处理流程

地震资料的处理流程，是根据具体的三维地震勘探地质任务及技术要求来确定的。在进行处理之前，首先需要对原始资料进行认真分析和研究，针对资料特点确定"三高"原则，即高信噪比、高分辨率、高保真度这一处理宗旨，有针对性地制定处理流程并选择合适的处理参数，做好每一个处理环节的质量监控，确保处理成果质量。

在资料处理过程中着重强调以下几点：

（1）认真检查观测系统，确保炮、检点位置准确无误。

（2）拾取每一个有效单炮的初至时间，做好层析反演静校正，针对研究区的地表结构，选取合理的基准面和替换速度。

（3）应用叠前保真保幅去噪、地表一致性振幅补偿以及地表一致性反褶积处理，注意尽全力压制噪声，提高信噪比，统一地震波形，保护有效信号的低频成分和高频成分，实现宽频保真处理。

（4）做好速度分析和剩余静校正，选择合适的叠前时间偏移参数，细致分析偏移速度，确保剖面断层清楚、断点清晰。

（5）处理过程中充分利用各钻孔资料做好速度分析工作，确保最终剖面上波组特征明显、地质现象清楚、断层断点归位合理、断面清晰。

以寺河煤矿、赵庄煤矿的地震资料为例，针对本区地震资料实际情况，建立处理流程如图3.1、图3.2 和图 3.3 所示。在资料处理中对每个流程和环节都要严格把关，对所选用的方法、模块进行充分地测试处理，并针对煤层深度变化选取不同的参数进行处理，以选取适合本勘探区资料特点的最佳处理方法和模块，达到资料处理最佳的目的。

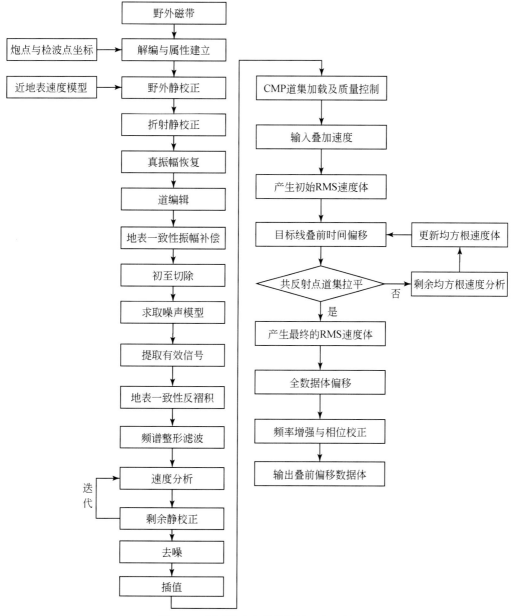

图 3.1　寺河煤矿地震数据处理流程图

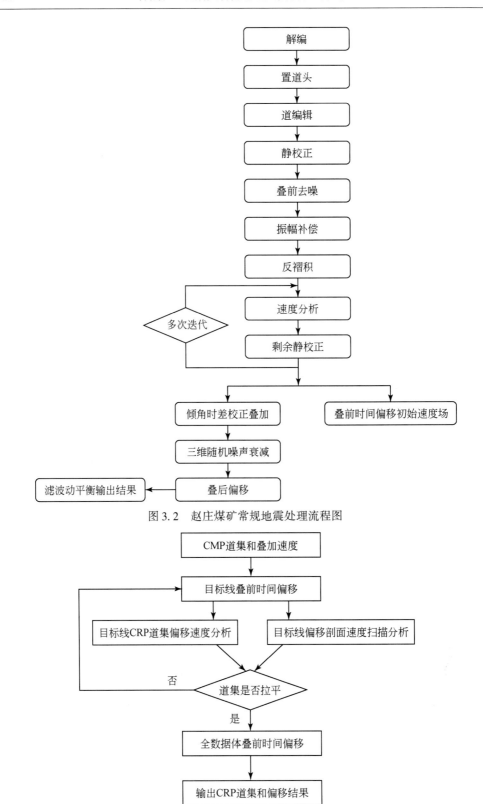

图 3.2　赵庄煤矿常规地震处理流程图

图 3.3　赵庄煤矿叠前时间偏移处理流程

3.2　主要技术措施

3.2.1　异常振幅的剔除和振幅补偿

由于检波器的异常以及不满覆盖部位等其他因素而产生的异常振幅必须剔除，从而提高原始资料信噪比，并为振幅补偿反褶积创造有利条件。

影响地震波振幅衰减的因素很多，主要有反射系数、地层吸收、震源强度、检波器耦合、球面扩散等。在这些衰减因素中，球面扩散对地震波振幅衰减起着主要影响。球面扩散是把地震震源看成一个点震源，地震波的传播呈现出球面扩大的特征，单位面积的地震波能量因此随着球面的扩大而不断减小。同时，由于大地的吸收作用，震源所产生的地震子波能量会随地层及时间的增加而衰减。一般来说，随着射线路径的增加，衰减越来越严重。补偿大地吸收衰减的能量在资料处理流程中是非常重要的。根据球面扩散的原理，进行几何扩散补偿后，主要目的层的能量得到很好的补偿。

3.2.2　反褶积——提高分辨率

反褶积是地震资料处理中的一个基本环节，也是提高分辨率的重要方法之一。其基本作用是压缩地震记录中的地震子波，同时，也可以压制鸣震和多次波等。反褶积的基本原理较为简单，然而由于反褶积因子的设计不同，反褶积有多种方法，如最小平方反褶积、脉冲反褶积、子波整形反褶积、地表一致性反褶积和预测反褶积等。这里尽对反褶积的基本原理和地表一致性反褶积作简要介绍。

经典的褶积模型可以认为地震数据 x_t 是由地震子波 b_t 和反射系数 ξ_t 褶积而成，即

$$x_t = b_t * \xi_t \tag{3.1}$$

式中，＊为褶积符号。如果能够消除 b_t，就能够得到反射系数系列，也就是提高了地震数据分辨率。为消除 b_t，设计与 b_t 相对应的反滤波因子 a_t，使

$$a_t * b_t = \delta_t \tag{3.2}$$

式中，δ_t 为尖脉冲。把 a_t 与 x_t 进行褶积，就可以得到反射系数序列：

$$a_t * x_t = a_t * b_t * \xi_t = \xi_t \tag{3.3}$$

由于实际运用过程中只能得到用 a_t 的一个近似表达而不能得到精确的解。用 e_t 表示近似解产生的误差，用 E 表示总的误差能量。那么，可以得到以下结果：

$$e_t = b_t * a_t - \delta_t \tag{3.4}$$

$$E = \sum_t e_t^2 = \sum_t \left[b_t * a_t - \delta_t \right]^2 \tag{3.5}$$

最小平方反褶积的设计思想，就是要使误差能量 E 取最小值。求 E 对 a_t 的偏导数，令其等于零，就可以得到最小平方反褶积求解反因子的基本方程组：

$$\frac{\partial E}{\partial a_t} = \sum_t 2 \left(\sum_\tau a_\tau b_{t-\tau} - \delta_t \right) b_{t-l}$$

$$= 2 \sum_{t} \sum_{\tau} a_{\tau} b_{t-\tau} b_{t-l} - 2 \sum_{t} \delta_{t} b_{t-l}$$

$$= 2 \left[\sum_{t} a_{t} R_{bb}(l - \tau) - R_{\delta b}(l) \right] = 0 \qquad (3.6)$$

因此有

$$\sum_{\tau} R_{bb}(l - \tau) a_{t} = R_{\delta b}(l) \quad l = 0, 1, 2, 3, \cdots, n; \ \tau = 0, 1, 2, 3, \cdots, n \qquad (3.7)$$

式中，R_{bb} 为子波 b_{t} 的自相关函数；$R_{\delta b}(l)$ 为 i 期望输出 δ_{t} 与子波的互相关函数。

　　该方程组称为最小平方意义下的反褶积的基本方程组。从这一个基本方程出发，可以得到目前生产实践中常见的一些反褶积数学模型。不同的期望输出，方程组的右端项就有不同的形式，a_{t} 也就有不同的形式，从而得到各种不同的反褶积方法。

　　表层地震地质条件改变不仅带来了反射波的双曲特征变化，也带来了地震波振幅、频率的变化。消除这些影响常采用地表一致性反褶积。根据褶积系统的原理，此时的地震记录，不仅被看成是子波和反射系数的褶积，而且是把子波对反射波的影响进一步细化为炮点处地表条件的影响、检波点处地表条件的影响、炮检距的影响、反射点的影响四部分。通过傅里叶变换，得到振幅谱和相位谱。在波形是最小相位的假设下，通过属性运算，获得振幅谱相对平均振幅谱的剩余谱，以及与四部分影响因素有关的剩余对数振幅谱。根据相关公式设计反褶积因子，消除与地表有关的表达项，通过反褶积运算与近地表条件不一致的影响被消除。因此，地表一致性反褶积就是为了消除地震子波因激发和接收条件变化引起的差异使地震子波波形一致，而且地震子波得到了一定程度的压缩。

3.2.3　面波压制

　　在补偿大地衰减及吸收能量的同时，面波的能量也得到加强。面波主要是沿着地下波阻抗分界面附近传播的一种波，在煤田单炮记录上呈扇形或扫帚状分布，特征清晰、明显。面波干扰具有低频、视速度低和能量强的特点。面波频率一般在 30Hz 以下，传播速度一般小于 1500m/s。由于介质的频散效应和吸收衰减作用，面波能量随着传播距离的增加而迅速衰减；同时，其频率由高向低变化，从而使得面波在叠前记录上形成"扫帚状"图形，也就是频散现象。

　　由于面波具有能量强的特点，在没有去除面波的记录上，面波严重降低了资料的信噪比，影响资料叠加处理的质量，特别是对处理手段会产生很大的干扰作用，例如剩余静校正、叠加速度分析、DMO 叠加等。为此要在叠前记录中进行面波压制，消除该波对有效波的强干扰。

3.2.4　地表一致性振幅补偿

　　近地表介质由于横向上速度变化大、厚薄不一，具有很强的不均匀性，引起地震记录的面貌变化大。为了改善剖面质量，通过对问题进行提炼简化，使得地表满足一致性的要求。通常采用如下的假设条件来进行处理：①震源强度、震源与地层的耦合、地表吸收衰减、检波器的耦合等影响，可以用一个综合系数来考虑，也就是地表因素对整个地震记录的振幅影响是一致的。②各个振幅因子保持地表一致性的原则，即不管地震波的传播路径如何，同一炮的所有地震道将具有同一个振幅因子，同一个检波点道集具有同一个检波点振幅因子。③进行处理的地震记录为经过动、静校正，球面扩散，地层衰减等补偿后的共深度点道集。

通过地表一致性振幅补偿，可以消除炮与炮之间、检波点与检波点之间的能量差异。在反褶积前进行地表一致性振幅补偿来校正这种差异，是三维地震资料处理中不可缺少的技术措施。该区束与束之间、炮与炮之间存在很大的能量差异现象，该技术消除了这种差异，从而为下一步的处理提供了较为合理的数据基础。

3.2.5 地表一致性三维剩余静校正

在地表一致性假设的前提条件下，经过野外静校正和动校正之后，反射时差可以表示为四个分量之和（牟永光等，2007）：

$$t'_{ij} = s_i + g_j + e_k + M_k x_{ij}^2 \tag{3.8}$$

式中，i 为炮点号；j 为检波点号；k 为 CMP 号；x_{ij} 为第 i 个炮点到第 j 个检波点的距离；s_i 为第 i 个炮点的剩余静校正量；g_j 为第 j 个检波点的剩余静校正量；e_k 为第 k 个 CMP 点相对于参考 CMP 点，由于地层起伏而产生的双程垂直旅行时差；M_k 为剩余动校正算子；$M_k x_{ij}^2$ 为剩余抛物线动校正量。

可以看出，式（3.8）的四个分量中，后两个随反射时间（层位）的变化而变化；前两个具有地表一致性特征，是要计算的炮点和检波点剩余静校正量。

基于时差分解的剩余静校正方法一般分为三个步骤：首先拾取每个地震道的时差 t_{ij}；然后对时差 t_{ij} 进行分解，得到炮点和检波点的剩余静校正量 s_i 和 g_j；最后在每个地震道上应用炮点和检波点静校正量（牟永光等，2007）。

通过三维剩余静校正技术，可以消除中、短波长的剩余时差，对齐相位，实现同相叠加。另外还可以改善叠加速度谱的品质，从而提高剩余静校正的精度，以此来达到进一步改善叠加剖面品质的目的。针对煤田资料，三维剩余静校正是非常重要的技术措施之一。煤田地震处理一般采用三维地表一致性剩余静校正迭代，每次剩余静校正后，剩余静校正量均有所减少，最后剩余静校正量基本控制在一个采样间隔范围内，符合处理精度要求。

3.2.6 速度分析

根据地震射线学，在水平均匀介质中，很容易得到反射波的时距方程式：

$$t_x^2 = t_0^2 + \frac{x^2}{v^2} \tag{3.9}$$

式中，x 为炮检距；t_0 为垂直反射时间（或者是 $x = 0$ 时反射波到达时间）；t_x 为炮检距为 x

的道所记录的反射波到达时间；v 为波在介质中传播的速度。

当界面倾斜时，式（3.9）就变成：

$$t_x^2 = t_0^2 + \frac{x^2 \cos^2\theta}{v^2} \tag{3.10}$$

式中，θ 为反射界面的倾角。

对于均匀介质的情况，式（3.9）和式（3.10）是大致相似的，如果把倾斜界面情况下方程式中的 $v/\cos\theta$ 视为一个变量，两个式子是完全一样的。

在水平层状介质或连续介质的情况下，根据费马原理，波沿最小传播时间路径传播，导出的时距曲线并不是严格的双曲线，但可用一条双曲线作为它的一级近似形式：

$$t_x = t_0^2 + x^2/v_r^2 \tag{3.11}$$

式中，v_r 为均方根速度，在层状介质中，由下式来定义：

$$v_r^2 = \sum_{k=1}^{n} v_k^2 t_k / \sum_{k=1}^{n} t_k \tag{3.12}$$

通过数学计算可以证明，式（3.1）在一定偏移距范围内，与真实的时距曲线非常近似，能保证足够的精度。因此，实践中用式（3.11）计算出来的旅行时间更接近波的实际旅行时间。

当地下介质不是水平层状介质时，相应的反射波时距曲线将为更加复杂的形式。在实际工作中，为了把问题简化，可以将复杂的时距曲线近似地视为一条双曲线，有

$$t_x^2 = t_0^2 + x^2/v_s^2 \tag{3.13}$$

式中，v_s 为叠加速度，有时称为 NMO 速度，常记为 v_{NMO}。

根据地震记录上波的实际旅行时间，按照式（3.13）近似的时距关系，就可以计算出波的传播速度。最早由格林先生于 1938 年提出的 $t^2 - x^2$ 坐标法就是依据式（3.13）而来的，式（3.13）被称为 DIX 方程，它是多数速度分析程序的基础。

叠加速度谱是在 CMP 道集上进行的，假设 CMP 道集由 N 个道组成，他们的炮检距分别是 x_1，x_2，x_i，…，x_N。如果按照一定的时差步长进行正常的时差校正，某个正常时差校正能使这 N 个记录道的反射信号同相，叠加时得到最大的振幅值，则这个正常时差所对应的速度就是所要的速度。

根据式（3.13），将 CMP 道集中各道正常时差 Δt_i 定义为

$$\Delta t_i = \sqrt{t_0^2 + x_i^2/v_s^2} \tag{3.14}$$

最大炮检距道 x_N 的正常时差为

$$\Delta t_N = \sqrt{t_0^2 + x_N^2/v_s^2} - t_0 \tag{3.15}$$

因而得到叠加速度

$$v_s = x_N / \sqrt{2t_0 \Delta t_N + (\Delta t_N)^2} \tag{3.16}$$

为了提高本区叠加速度的准确性，进而在全区范围内建立合理的叠加速度场，在处理中采用先进的交互速度解释，以及加密速度拾取点、常速扫描、变速扫描、等速度剖面相结合的办法以拾取准确的叠加速度。速度分析从以下方面着手：

（1）常速扫描：用于了解区内叠加速度变化范围。

（2）主要目的层的速度拾取：控制速度的空间变化趋势，使其更加合理。

（3）精细速度拾取：主要针对目的层段反射，在时间方向上加密速度拾取值，以道集有效反射波同相轴校平为准则。

3.2.7　DMO 叠加

常规的速度分析是在水平地层的假设下，实际地下地层带有一定的倾角。因此，为了消除因构造起伏变化引起的共反射点分散及叠加速度多值现象，提高横向分辨率和信噪比，进行 DMO 叠加处理是全三维处理流程中一个不可缺少的步骤。在地层倾角较小的情况下，做 DMO 叠的主要作用是提高信噪比。值得注意的是要选好倾角、孔径和偏移距分组参数，以避免产生空间假频。

3.2.8　叠后三维随机噪声衰减

通过相应的处理技术将地震数据分为可预测信号和不可预测信号的随机噪声。将随机噪声分离出来，以此来提高地震资料信噪比，该技术被称为三维随机噪声衰减。该技术采用矩形的滤波算子，使用纵、横两个方向的数据。由于其去噪能力强，波形自然，同相轴在纵横两个方向上的连续性都能得到增强，因此对地下地质构造在地震记录上的反应不产生影响。

3.2.9　偏移

偏移的目的是为了反射波的正确归位。由于常规速度分析主要是针对水平地层，对于倾斜地层，采用 DMO 叠加来消除剩余时差。由于地下介质的速度变化，DMO 叠加并不能弯完全地消除倾斜地层的影响，因此还需要偏移，根据合理的速度信息对反射波的空间位置进行归位。在煤田的勘探过程中，对于煤层近乎水平的情况，如图 3.4 所示，D 点的反射波经过 NMO 速度分析后，对应的共中心点、共反射点、共深度点是重合的。此时，意味着采用常规速度分析，能较好地对地下地层的空间形态进行成像，实现构造的空间位置合理。当地层倾斜时，如图 3.4 中 R1R2 界面所示，采用 DMO 校正后的 R1 点显示在 R′1 点的位置，而 R2 点显示在 R′2 点的位置。此时地震剖面上的地层界面为 R′2R′1，该界面的倾角小于真实的地层倾角，为了消除这种差异，还必须采用偏移的方法。因此，此时的空间正确归位经过了 NMO+DMO+偏移三个步骤。

根据偏移的基本原理，可以将偏移划分为射线偏移、波动方程偏移两大类。目前的技术基本都已经实现了波动方程的偏移。该方法由波场延拓和波场成像两部分组成。叠后偏移，根据算法的不同，分为有限差分偏移、f-k 偏移和克希霍夫偏移三种。目前随着煤田地下地层形态和构造的复杂程度增加，已经开展了大量的叠前时间偏移实践。叠前时间偏移方法可以分为克希霍夫型和波动方程型，前者有利于构造成像，后者有利于保持良好的振幅关系，目前，克希霍夫型偏移在煤田构造勘探中得到了更多应用。

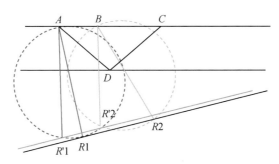

图 3.4　水平地层与倾斜地层的叠加剖面对比

3.3　寺河煤矿地震资料处理效果

3.3.1　地震地质条件

1. 表层地震地质条件

勘探区地形起伏变化比较复杂，部分地段切割强烈。地表出露有二叠系上统上石盒子组泥岩和砂岩，且风化程度高；第四系棕红色亚黏土、黄土及坡积物分布在山梁和沟谷中。低速带变化较大，第四系棕红色亚黏土、黄土及坡积物的波速一般为 500 ~ 900m/s，其厚度变化较大，一般在 0 ~ 10m；风化强烈的泥岩波速一般在 1000 ~ 1200m/s；风化砂岩波速相对较高为 1100 ~ 1400m/s，其风化厚度不一，一般为 2 ~ 6m。由此分析，表层地震地质条件复杂。

2. 浅层地震地质条件

勘探区内的潜水面很深，个别沟谷地段在雨季有间歇水流，表层地段出露有基岩和棕红色亚黏土、黄土。除黄土和坡积物波速较低外，基岩和棕红色亚黏土波速均在 900m/s 以上，最高可达 1500m/s。地震激发层位选择在波速为 1000 ~ 1500m/s 的部位，激发效果比较理想。在黄土和坡积物分布地段，除加深炮孔外，增加组合个数和药量，亦能取得较好的激发效果。由于浅层低速带的覆盖厚度不一，纵横向变化亦较复杂，故浅层地震地质条件较差。

3. 深层地震地质条件

勘探区煤系地层为石炭系太原组和二叠系山西组，岩性多为泥岩和砂岩，以及泥岩与砂岩互层。根据地震资料可知：泥岩的波速一般为 2600 ~ 3200m/s，密度为 2.46g/cm^3，波阻抗为 6496 ~ 7872m·g/s·cm^3；砂岩的波速为 3000 ~ 3700m/s，密度为 2.48g/cm^3，波阻抗为 7440 ~ 9176m·g/s·cm^3；石灰岩的波速一般为 5000m/s，密度为 2.7g/cm^3，波阻抗为 13500m·g/s·cm^3。

本次三维地震勘探主要煤层为 3#、15#煤层，其埋藏深度一般在 250 ~ 650m。其中

3#煤层沉积稳定，厚 5.85 ~ 7.06m，煤层顶板多为粉砂岩，局部为泥岩，底板多为泥岩；15#煤层沉积稳定，厚 2.00 ~ 3.42m，K_2 灰岩为其直接顶板，底板为泥岩或含碳泥岩。3#煤层和 15#煤层间距平均为 93.06m。煤层波速一般为 2300m/s 左右，密度为 1.43 ~ 1.46g/cm^3，波阻抗为 3289 ~ 3358m·g/s·cm^3。

由以上分析可知：煤层与顶、底板的波阻抗差异十分明显，具有良好的波阻抗界面，能形成良好的反射波组，所以该区深层地震地质条件良好。

3.3.2　叠前噪声压制

通过调查分析原始数据，认为本区原始数据中主要存在强面波和声波干扰，另外在个别炮记录上还存在一些野值。利用多域分步噪声压制技术，全区的噪声都能得到较好的压制，如图 3.5 和图 3.6 所示。

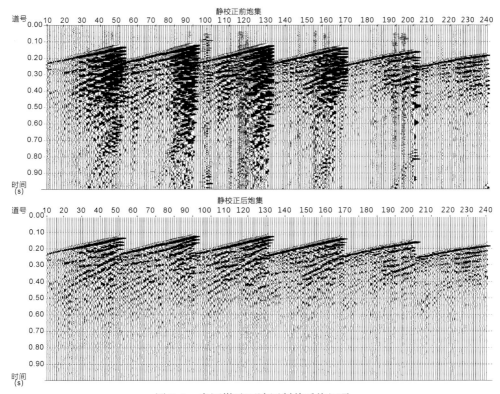

图 3.5　寺河煤矿面波压制前后炮记录

3.3.3　基准面静校正

从单炮记录看初值清楚，故采用初值折射静校正方法计算静校正量，基准面采用固定基准面，基准面高程为 850m。对单炮记录应用静校正，可以看出初至变光滑，连续性增强，如图 3.7 所示。

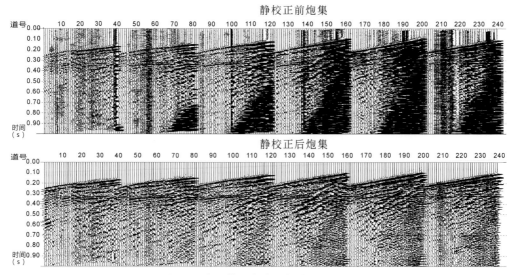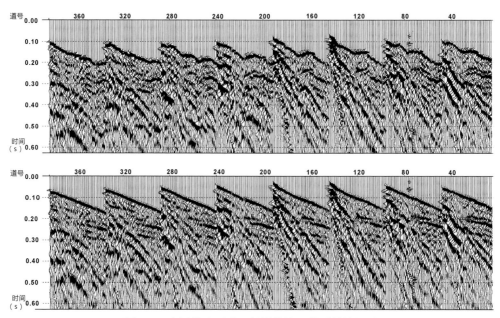

图 3.6　寺河煤矿声波压制前后炮记录

图 3.7　寺河煤矿西采区折射静校正前后单炮记录

3.3.4　地表一致性振幅补偿

因激发和接受条件的差异，记录的地震数据能量和频率差异较大。地表一致性振幅频率补偿，可以有效减弱由采集因素引起的地震数据的振幅和频率差异，如图 3.8 所示。

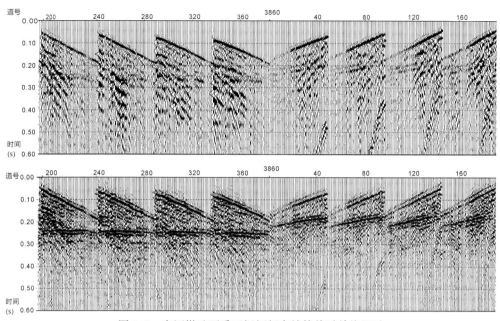

图 3.8　寺河煤矿西采区振幅频率补偿前后单炮记录

3.3.5　剩余静校正

经过前述的静校正后，在叠加剖面上依然残存部分剩余静校正量（图 3.9），可以通过剩余静校正改进同相叠加的质量。在本次处理中采用了分频剩余静校正多次迭代方法，即在第一次迭代时，运用有效波低频分量，实现较大剩余静校正值校正（图 3.10）；以后各次迭代，则利用高频成分，进一步进行较小剩余静校正值校正，使剩余静校正计算逐步收敛直到静校正值接近于零（图 3.12）。

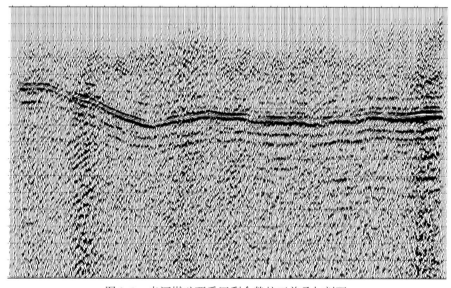

图 3.9　寺河煤矿西采区剩余静校正前叠加剖面

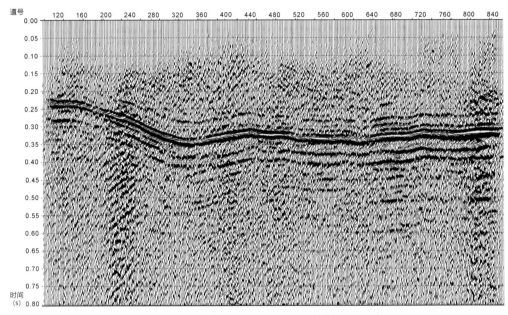

图 3.10　寺河煤矿西采区剩余静校正后叠加剖面（迭代一次）

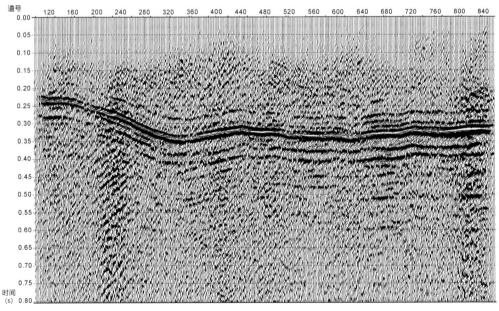

图 3.11　寺河煤矿西采区剩余静校正后叠加剖面

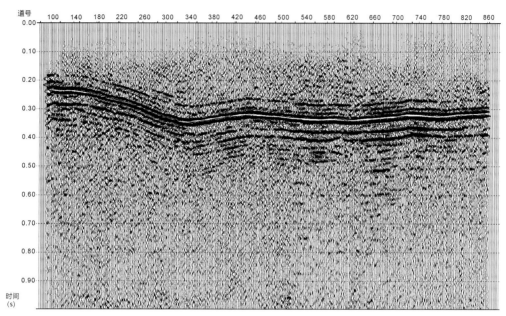

图 3.12 寺河煤矿西采区剩余静校正后叠加剖面（迭代二次）

3.3.6 叠前时间偏移效果

经过优化的处理流程和细致地参数选取，最终得到的处理结果与老资料相比，信噪比较高，构造特征清楚，多套煤层反射清晰，断层和陷落柱特征较明显，达到重新处理的要求。

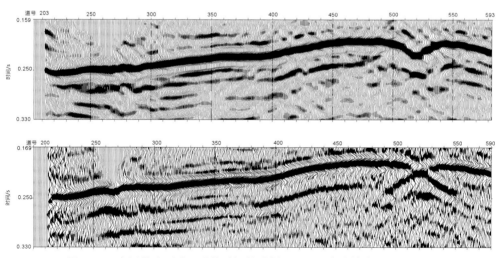

图 3.13 寺河煤矿西采区叠前时间偏移剖面（上）与老资料（下）对比

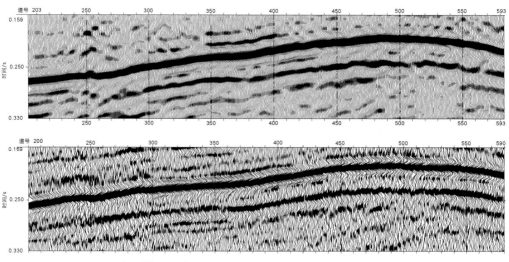

图 3.14　寺河煤矿西采区叠前时间偏移剖面（上）与老资料（下）对比

3.4　赵庄煤矿地震资料处理效果

3.4.1　地震地质条件

1. 表浅层地震地质条件

勘探区地形起伏变化比较复杂，部分地段切割剧烈，地形总体表现为中部高、南北两端低。最高点位于中部长治、晋城交界分水岭，标高约 1160.9m；最低点位于勘探区南部鹿宿村附近，标高约 935m，最大高差 225.9m，见图 3.15。沿沟谷两侧及山梁上有第四系黄土、亚砂土、亚黏土分布，局部有基岩出露，风化程度高。区内村庄、耕地较多。北部有一较大的东峪村，东西长约 700m，南北宽约 650m。南部有上石堂沟、下石堂沟、窑头、桥头、鹿宿、什善等村庄，村庄附近多为耕地；山区地形复杂，沟壑纵横，灌木丛生，行走困难。所有这些地表条件都给野外地震资料采集工作带来很大困难。

勘探区局部地段基岩出露，部分地段被第四系黄土、亚砂土、亚黏土覆盖，部分地段为残坡积物覆盖，黄土、亚砂土、亚黏土厚度为 0~20m。根据本区低速带调查资料及以往资料，第四系黄土、亚砂土、亚黏土及残坡积物波速一般为 300~600m/s；棕红色亚黏土速度可达 900m/s；风化强烈的泥岩波速一般在 1000~1200m/s；风化砂岩波速相对较高，可达 1100~1400m/s。由此分析，本区低、降速带纵、横向变化很大，地震地质条件复杂，为表浅层地震地质条件较差地区。

2. 深层地震地质条件

勘探区煤系地层为石炭系太原组和二叠系山西组，岩性主要为砂岩、泥岩、砂质泥岩、灰岩及煤。本次勘探的主要目的层为 3#、15#煤层。据区内钻孔资料可知：3#煤层埋深为 534.15 ~ 743.74m，厚度 4.5 ~ 5.27m，平均 4.91m。3#煤层与 15#煤层间距约 117 ~ 135m。3#煤层顶板主要为泥岩、砂质泥岩，次为粉砂岩，局部为中细粒砂岩；底板多为泥岩、砂质泥岩，个别为中细粒砂岩。15#煤层顶板为泥岩、含钙泥岩或石灰岩，老顶为 K_2 灰岩；底板多为泥岩。煤层倾角平缓，一般为 3° ~ 7°。

　　根据本区的测井资料，本区煤、岩层地球物理特征值见表 3.1。由表 3.1 可以得出，煤层与顶、底板岩层分界面的反射系数较大，可形成较强的反射波组。通过观察本区单炮记录与地震时间剖面，可以得知目的层反射波齐全、易识别，同相轴连续性好，信噪比高。因此，本区深层地震地质条件良好。

表 3.1　赵庄煤矿煤及岩石的地球物理特征值

岩性	密度/(g/cm³)	层速度/(m/s)	波阻抗	反射系数	反射波组名称	备注
泥岩	2.67	3200 ~ 3500	8000 ~ 8750	$K_{泥}^{煤} = 0.47$		K 为煤层与顶底板之界面反射系数
粉砂岩	2.72	3400 ~ 3700	8500 ~ 9500	$K_{砂}^{煤} = 0.51$	T_3	
煤岩	1.49	2050 ~ 2500	2700 ~ 5000	$K_{灰}^{煤} = 0.62$		
灰岩	2.75	5000	13100	$K_{泥}^{砂} = 0.04$		

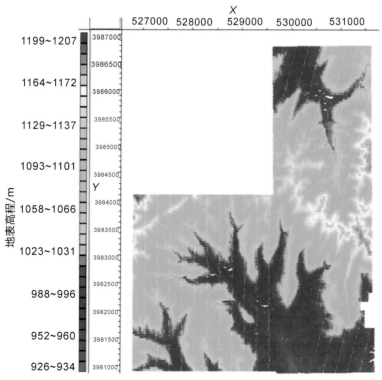

图 3.15　赵庄煤矿二、四标段地表高程图

3.4.2　静校正分析

由于区内，高程变化比较大，通过分析全区范围内的单炮，有效波同相轴不连续，从原始叠加剖面上看，目的层有效波不成像，可见全区存在严重的静校正问题。如图3.16~图3.18所示。

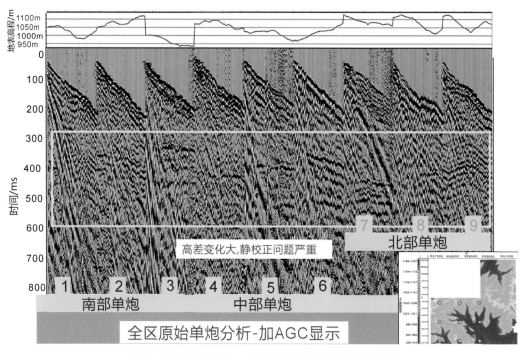

图 3.16　赵庄煤矿二、四标段原始单炮静校正分析

3.4.3　老资料分析

如图3.19所示，通过分析老偏移剖面，发现老资料中主要存在以下几个问题：
(1) 老资料存在长波长静校正问题，表现为波浪形构造，上下起伏一致。
(2) 老资料处理频带较窄。
(3) 15#煤层全区不能连续追踪。

3.4.4　静校正

静校正是复杂地表区资料处理的重点，能否做好静校正，是资料处理成败的关键。结合本区实际情况，确定应用层析反演静校正解决长短波长静校正问题，应用地表一致性剩余静校正解决剩余高频静校正问题。

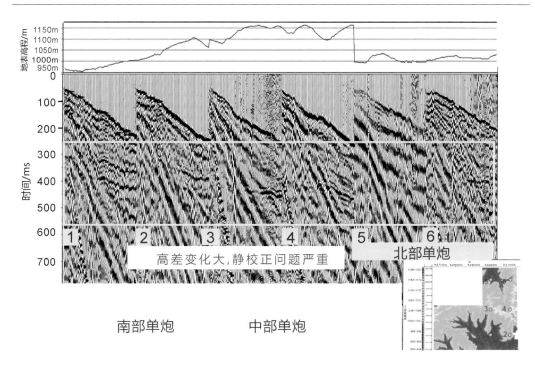

图 3.17　赵庄煤矿二、四标段原始单炮静校正分析

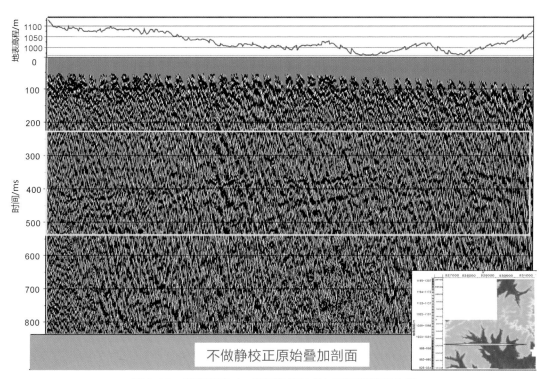

图 3.18　赵庄煤矿二、四标段原始叠加剖面静校正分析

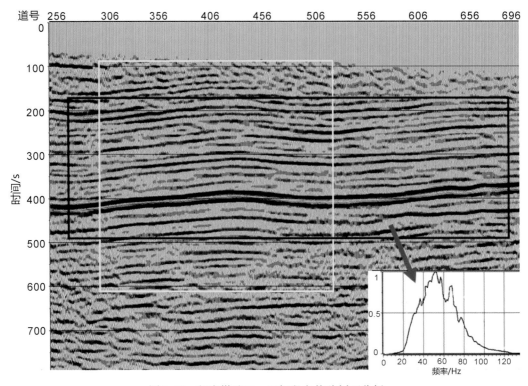

图 3.19　赵庄煤矿二、四标段老偏移剖面分析

拾取的初至折射波必须来自于全区能够连续追踪的同一层，才能建立精确的近地表模型，如图 3.20 所示。通过反复试验确定了如下参数：低速层速度为 800m/s，替代速度为 3200m/s，基准面高程为 1050m。

拾取完所有的单炮初至时间后，进行层析反演静校正处理，处理流程如图 3.21 所示。最终的层析反演模型如图 3.22 和图 3.23 所示。

最终计算的静校正量如图 3.24 所示。通过静校正前后单炮及叠加剖面的对比，可以看出，静校正后有效波同相轴光滑连续，叠加剖面信噪比得到很大的改善，有效解决了长短波长静校正问题，如图 3.25 ~ 图 3.27 所示。

3.4.5　叠前保幅去噪

原始单炮存在的干扰包括面波干扰、某些坏道、不正常道、尖脉冲等。通过三维十字交叉滤波去除线性干扰；通过控制频率和视速度范围去除面波干扰；在不同频带范围内，使用自动样点编辑，将每个样点的振幅与给定时窗的中值进行比较，对异常振幅进行编辑。通过这些保幅去噪的技术，面波、声波及其他随机干扰波得到了有效的去除，目的层反射波组更加清晰、突出，如图 3.28 和图 3.29 所示。

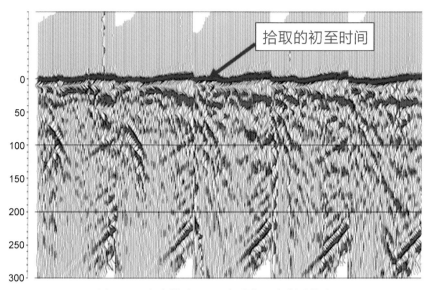

图 3.20　赵庄煤矿二、四标段初至折射波拾取

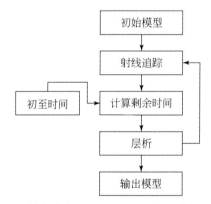

图 3.21　赵庄煤矿二、四标段层析反演静校正流程

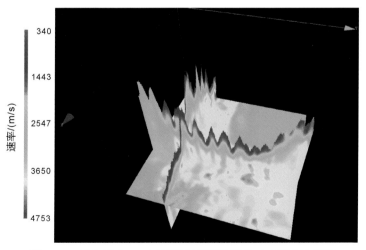

图 3.22　赵庄煤矿二、四标段层析反演静校正三维速度模型

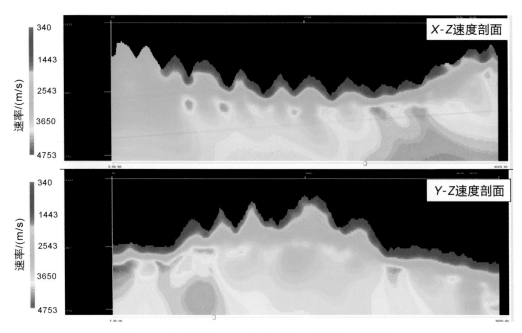

图 3.23　赵庄煤矿二、四标段层析反演静校正速度剖面

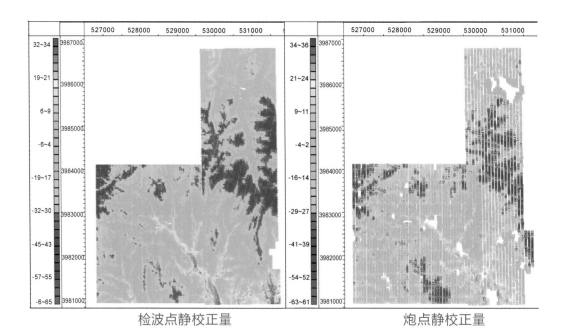

图 3.24　赵庄煤矿二、四标段最终炮、检点静校正量

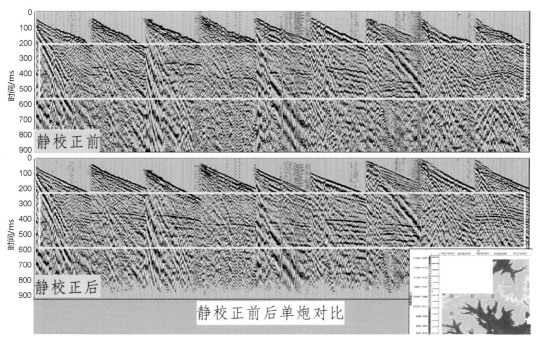

图 3.25　赵庄煤矿二、四标段静校正后单炮信噪比大大提高

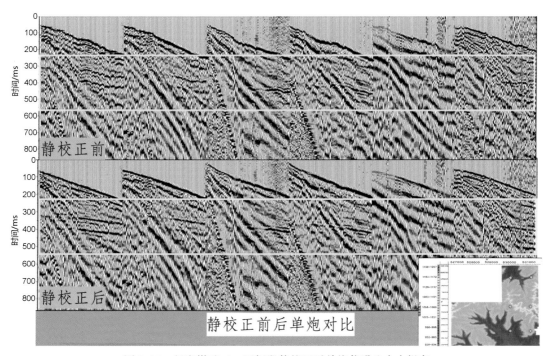

图 3.26　赵庄煤矿二、四标段静校正后单炮信噪比大大提高

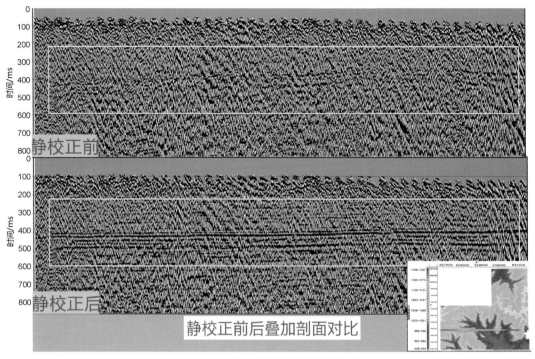

图 3.27　赵庄煤矿二、四标段静校正后剖面信噪比大大提高

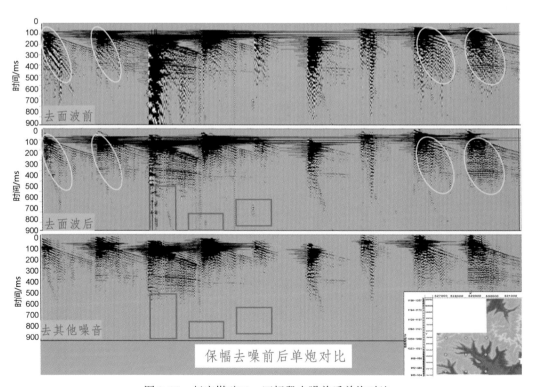

图 3.28　赵庄煤矿二、四标段去噪前后单炮对比

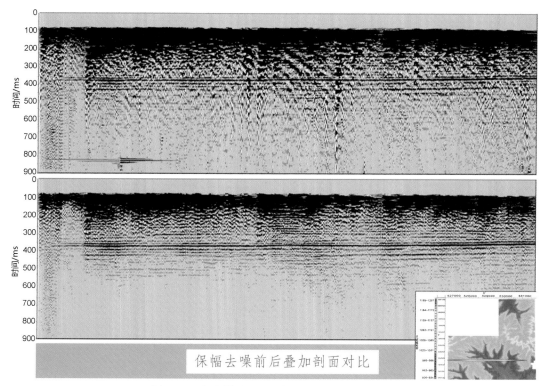

图 3.29　赵庄煤矿二、四标段去噪前后剖面对比

3.4.6　地表一致性处理

1. 振幅补偿

首先，选定合适的参数进行球面扩散补偿，补偿地震波在向下传播过程中由于球面扩散而造成时间方向的能量衰减，使浅、中、深层能量得到均衡；其次是地表一致性振幅补偿，主要是补偿地震波在传播过程中由于激发因素和接收条件的不一致性问题引起的振幅能量衰减，消除由于风化层厚度、速度、激发岩性等地表因素横向变化造成的能量差异，使全区地震资料的横向能量趋于一致。图 3.30 为振幅补偿前后的单炮，从振幅曲线可看出时间方向的振幅趋于一致。图 3.31 为振幅补偿前后的剖面。

2. 地表一致性反褶积

在地表一致性振幅补偿的基础上，通过测试最终选择地表一致性预测反褶积。通过反褶积步长的试验测试，最终认为 12ms 反褶积步长剖面的分辨率和信噪比达到最佳效果，如图 3.32 所示。最终完成了在炮域、接收点域、共偏移距域的地表一致性预测，同时压缩了子波，提高了分辨率及信噪比。

从地表一致性反褶积前后叠加剖面和频谱分析可以看出，经反褶积处理后，有效波

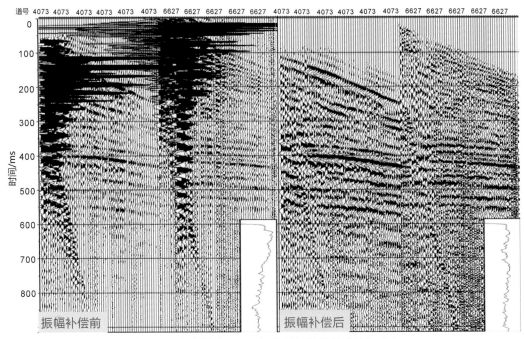

图 3.30　赵庄煤矿二、四标段振幅补偿前后单炮对比

频带变宽，分辨率提高，反射层的波组特征明显，浅、中、深层分辨率得以提高，如图 3.33 所示。

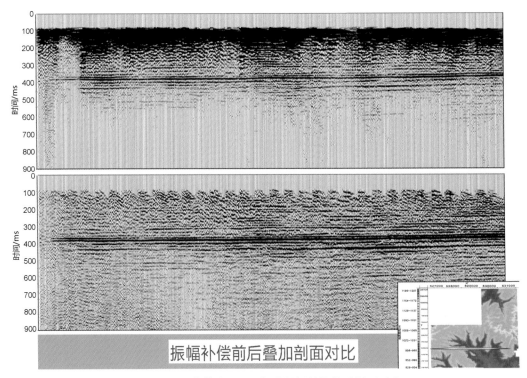

图 3.31　赵庄煤矿二、四标段振幅补偿前后剖面对比

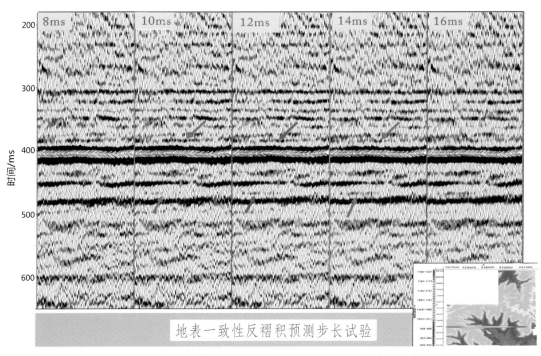

图 3.32 赵庄煤矿二、四标段地表一致性反褶积步长试验

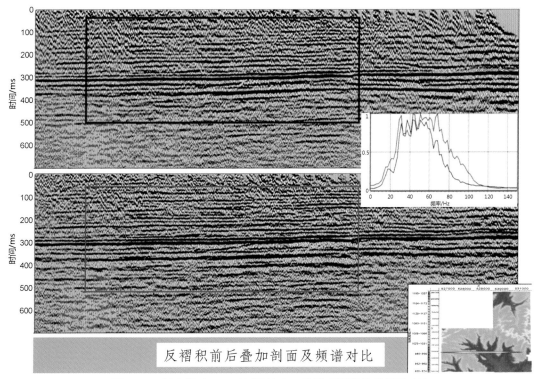

图 3.33 赵庄煤矿二、四标段地表一致性反褶积前后剖面对比

3. 地表一致性剩余静校正与速度分析

采用多次速度分析、剩余静校正迭代技术来进一步消除剩余动、静校正时差的影响，确保同一面元内各道同相叠加。通过剩余静校正，目的层同相轴的连续性明显提高，如图 3.34 所示。

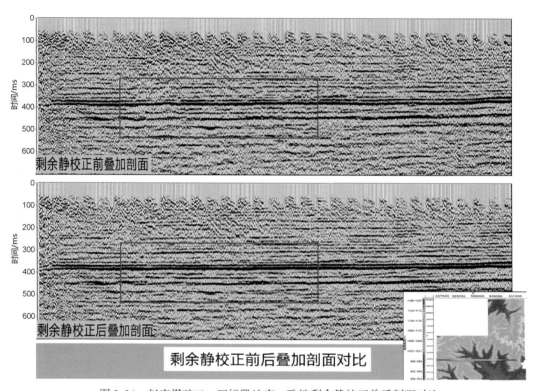

图 3.34　赵庄煤矿二、四标段地表一致性剩余静校正前后剖面对比

3.4.7　DMO 叠加及叠后时间偏移

DMO 叠加可以使水平反射和倾斜反射同相轴均能正确成像，DMO 技术改善了叠加速度对地层倾角的依赖，提高了速度分析精度，并为准确求取偏移成像速度场提供了基础条件。叠加后仍然存在一些随机噪声影响叠加剖面的信噪比，通过三维叠后随机噪声衰减技术可以去除随机噪声，提高叠加剖面的信噪比。如图 3.35 所示，最终叠加剖面的频带很宽。

叠后偏移采用 FXY 域波动方程偏移，延拓步长为 24ms，如图 3.36 所示，最终叠后偏移剖面波组特征清楚，分辨率和信噪比都很高。

3.4.8　叠前时间偏移

本次处理采用了 CGG 公司（法国地球物理公司）开发的地震处理系统选用的克希

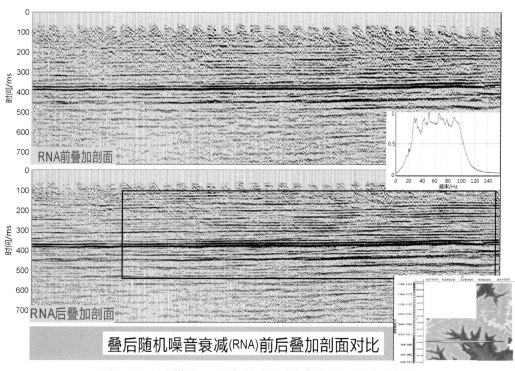

图 3.35　赵庄煤矿二、四标段随机噪声衰减前后叠加剖面对比

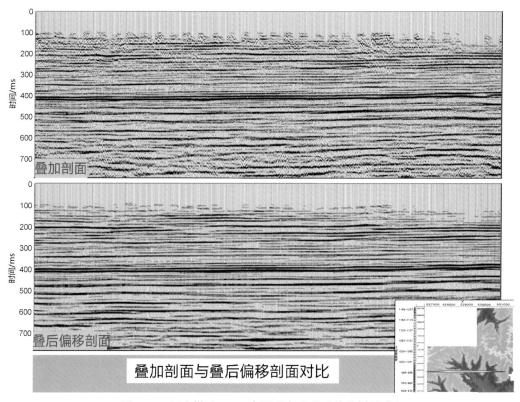

图 3.36　赵庄煤矿二、四标段叠加和叠后偏移剖面对比

霍夫绕射积分法作为叠前时间偏移方法，处理中首先通过试验确定偏移的孔径、反假频参数和偏移倾角参数，然后对目标线进行偏移，根据 CRP 道集是否拉平分析叠前偏移的速度。

　　图 3.37 为偏移孔径试验结果，通过对不同偏移孔径偏移效果的比较，1000m 和 1200m 以上孔径的深层成像基本没有任何变化，所以最终确定偏移孔径参数为 1000m。

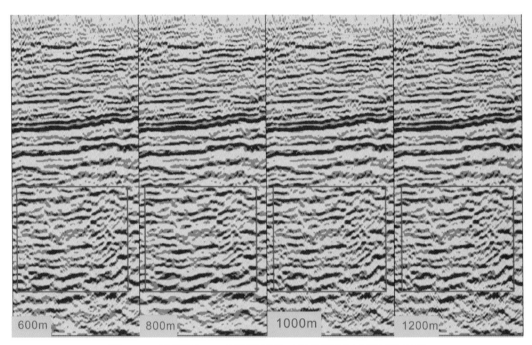

图 3.37　赵庄煤矿二、四标段叠前时间偏移孔径参数试验结果

　　反假频参数定义过小，则倾斜同相轴假频干扰严重，叠前时间偏移结果信噪比低；反假频参数定义过大，又会降低叠前时间偏移结果的横向精度，影响断层和断面的成像质量。图 3.38 为反假频参数试验结果，可以看出，三个参数的效果相差不大，兼顾信噪比和分辨率，最终确定反假频参数为 1.0。

　　叠前时间偏移最大成像倾角既要能保证区内最大倾角断面波和地层反射波偏移成像，又要保证不能因倾角太大使深部的噪声影响到较好的中、浅层资料，造成中、浅层资料信噪比降低。

　　图 3.39 为倾角扫描试验结果，为兼顾浅层和深层成像效果，最终确定倾角为 30°。

　　通过偏移速度的迭代分析，最终 CRP 道集拉平，图 3.40 为叠前时间偏移 CRP 道集。

　　最终处理的叠前时间偏移结果反射波组特征明显，层间和深层地层的弱反射信号得到了加强，断点更加清楚，断面特征刻画得更加细致，如图 3.41 所示。

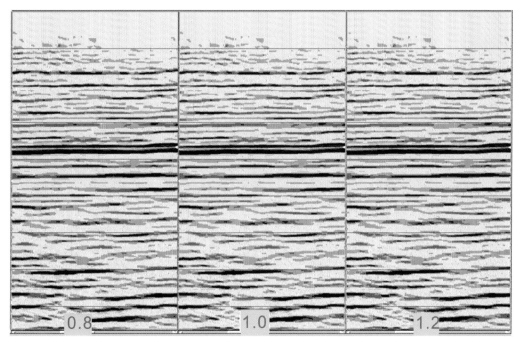

图 3.38 赵庄煤矿二、四标段叠前时间偏移反假频参数试验结果

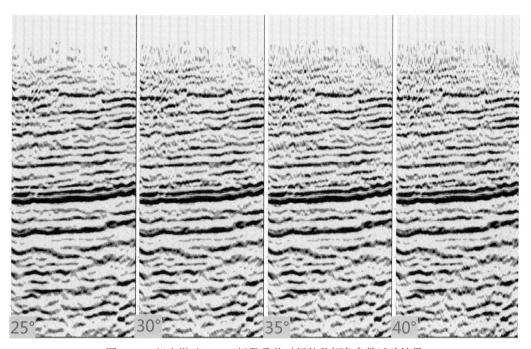

图 3.39 赵庄煤矿二、四标段叠前时间偏移倾角参数试验结果

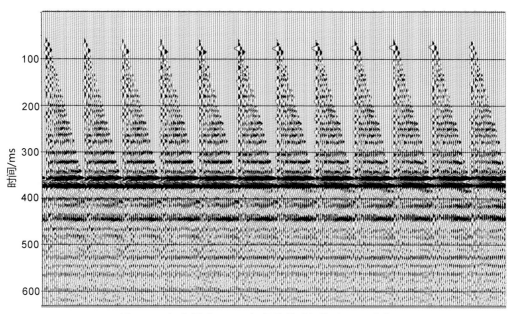

图 3.40　赵庄煤矿二、四标段叠前时间偏移 CRP 道集

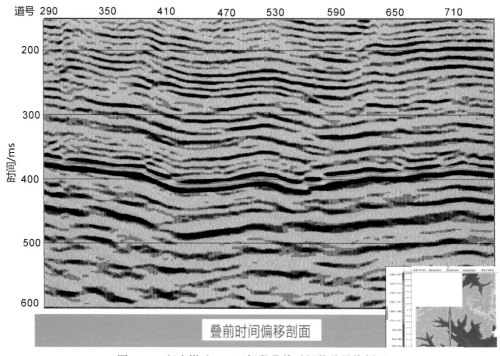

图 3.41　赵庄煤矿二、四标段叠前时间偏移最终剖面

3.4.9　处理效果

图 3.42～图 3.51 展示了最终的叠前时间偏移剖面。从结果看，剖面的波组特征清

晰，3#煤层和15#煤层都能连续追踪对比，断层清楚，断点清晰。

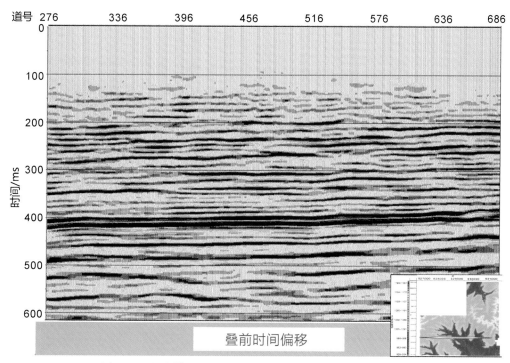

图 3.42　赵庄煤矿二、四标段叠前时间偏移剖面（Inline510）

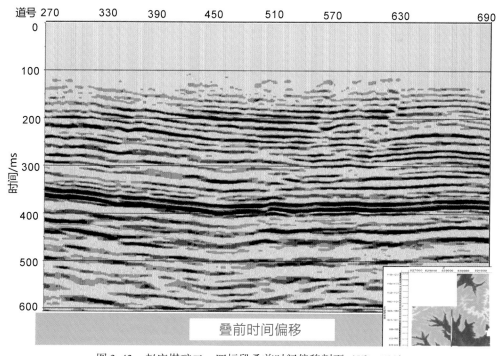

图 3.43　赵庄煤矿二、四标段叠前时间偏移剖面（Xline700）

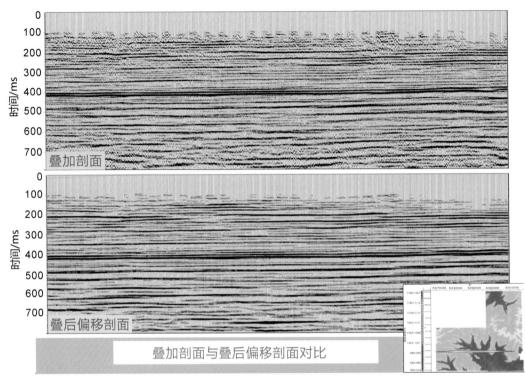

图 3.44　赵庄煤矿二、四标段剖面对比（Inline520）

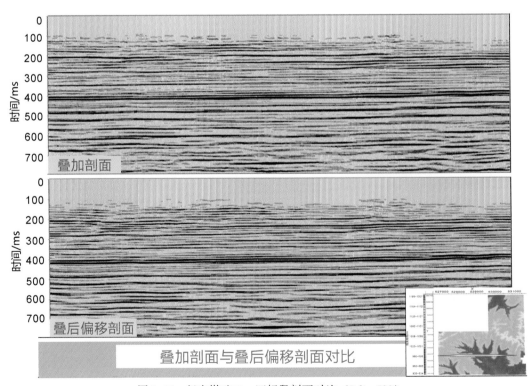

图 3.45　赵庄煤矿二、四标段剖面对比（Inline520）

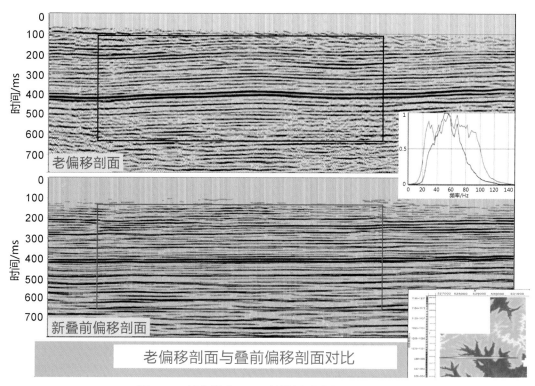

图 3.46　赵庄煤矿二、四标段剖面对比（Inline520）

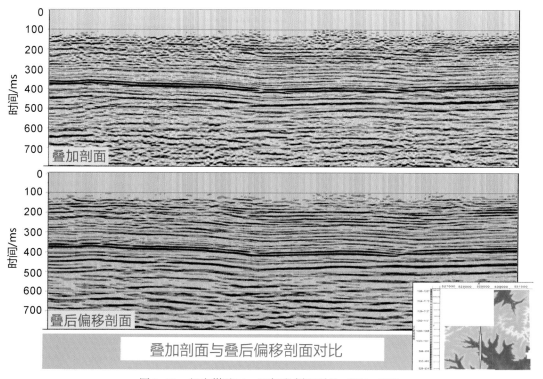

图 3.47　赵庄煤矿二、四标段剖面对比（Xline520）

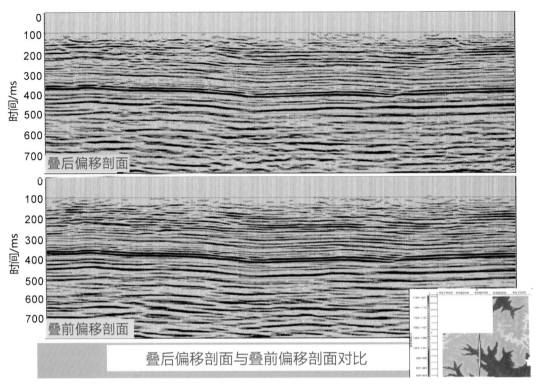

图 3.48　赵庄煤矿二、四标段剖面对比（Xline540）

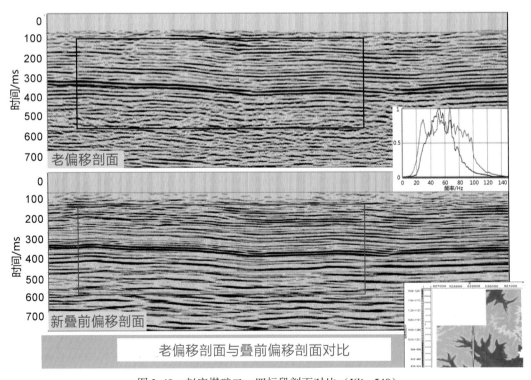

图 3.49　赵庄煤矿二、四标段剖面对比（Xline540）

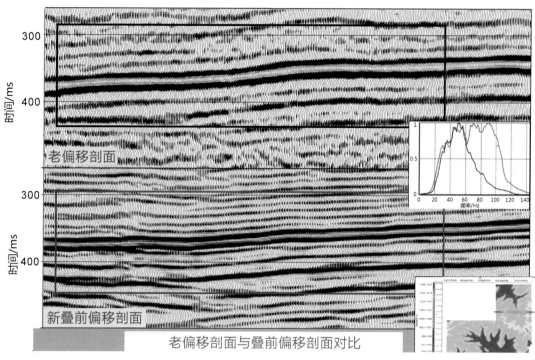

图 3.50　赵庄煤矿二、四标段剖面对比（Inline900）

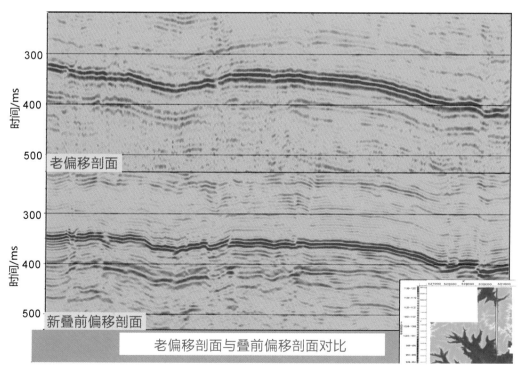

图 3.51　赵庄煤矿二、四标段剖面对比（Xline9600）

对比叠加剖面、叠后时间偏移剖面、叠前时间偏移剖面以及老处理剖面，可以看出新处理的剖面层间信息丰富，信噪比和分辨率都得到了很大的提高。

第 4 章 晋城矿区构造的地震属性解释技术

煤系地层中的断层、陷落柱和采空区，是影响煤矿采掘布置、安全生产的重要因素。断层、陷落柱等构造会导致煤层变薄或增厚，构造附近的煤质变差，构造的存在还影响煤层顶板的稳定性及隔水层的完整性，这会直接影响煤层的可采性。部分矿区由于开采历史的原因，形成了采空区，在一定的水文地质条件下，产生老空水，对煤矿的安全生产造成极大的安全隐患。因此，查清煤系地层中的断层、陷落柱和采空区，是地震勘探的一项重要任务。目前，在地震地质条件较好的区域，比如淮南，能够实现落差 3~5m 断层的探测。在沁水盆地晋城矿区，地表主要为山地，起伏地表带来了静校正、信噪比低等问题，断层、陷落柱等构造的解释效果差。同时，主采煤层的埋藏深度一般在 300~600m，部分地区的断层与陷落柱的地震响应特征不明显。本章主要探讨了晋城矿区的断层、陷落柱、采空区的解释实践，在部分矿区实现了小构造的精确解释，为晋城矿区构造探查提供了一种新的选择。

4.1 断层解释基本理论

在地震资料的解释过程中，陷落柱、采空区的解释都借鉴了断层的解释方法，因此断层解释是地震资料解释的基本。这里主要以断层为例，给出了断层解释的基本理论。地震资料的断层解释是对断点进行合理组合的过程，首先是对断点的正确判别，其次是对断点的组合。

4.1.1 地震剖面上的断点识别

根据地震波运动学可知，地面激发的地震波，到达如图 4.1（a）所示的反射界面时，形成反射波，反射波经过动校正、偏移等空间归位后，断层上下盘反射界面形成同相轴，如图 4.1（b）所示。由于上下盘埋藏深度不同，反射波同相轴在断面位置发生跳跃，在地震剖面上表现为一定的时间差，这也就是常见的同相轴错段。当断层的落差较大时，叠加剖面上有明显的绕射，在地震偏移剖面上，断层常表现为波组的错段，同相轴的分叉、合并或者扭曲。

实际上，地下常发育落差较小的断层，比如落差 5m 左右的断层。此时断层错断的地层较少，断层带高度在 10~20m 左右。由于晋城矿区含煤地层内中薄互层发育，且

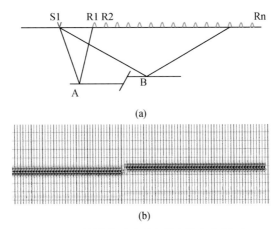

图 4.1 断层模型及对应的自激自收剖面

不同岩性的波阻抗差异明显，因此，一般存在多个反射界面。在 20m 的煤层顶板范围内，存在砂岩、泥岩、煤层等多个反射界面，多个反射界面的地震波形成一个复合波。因此，此时小断层在地震剖面上时常形成弱振幅。

4.1.2 断点组合分析

假设在地震剖面上，存在四个断点信息，形成如图 4.2 所示的矩形位置关系。那么，断层存在多少种情况呢？如果每一个断点分别对应一个断层，那么理论上，由于倾向的不同，存在 16 种情况，如图 4.2 中左图所示。如果已经知道了对角线上的其中两个断点属于同一断层，那么这个时候存在 8 种情况，如图 4.2 中右图所示。总之，对于四个断点的情况，理论上存在 24 种可能性，这是一种客观上存在的多解性。实际上，我们经常面对的情况是地下的断层以一种客观的方式存在，也就是只有一种可能。可

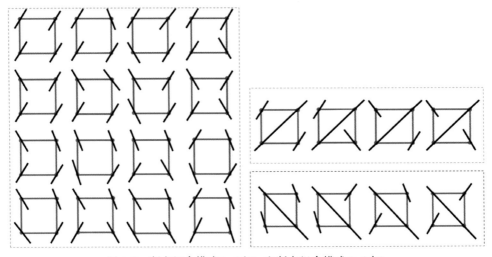

图 4.2 断点组合模式 1（左）和断点组合模式 2（右）

是，理论上面临着 24 种可能。此时，要减少多解性，必须知道先验信息，那么就能极大地减少断层解释的多解性。比如，对于四个断点都是断层的情况，如果知道四个断层的倾向都是一致的，那么只有两种可能，这时得到的解释成果，与实际更为接近。

根据前面断层解释的基本理论分析可知，基于地震资料的断层解释，首先需要断点信息，然后对断点进行组合。其中，断点信息的获取，一是要依靠地震资料的采集；二是地震资料的处理。在断点信息可靠的基础上，进行断层的组合。从上面的例子可以看出，断点组合主要是解决多解性的问题，这需要把已知的地质信息揉和起来。

4.1.3　基于褶积模型探讨地震资料的分辨率问题

假设一个反射界面存在一个断层带，宽度为 10m，断层带的速度为 2000m/s，那么，可以将其表示成一个 10m 厚的层状模型，层速度为 2000m/s，上下层速度为 3000m/s，如图 4.3 所示。那么断层带与正常介质的区分可以基于褶积模型分析，其中波阻抗增加界面为正极性，子波设置为 Ricker 子波。分别设置子波的主频为 20Hz、30Hz、40Hz、50Hz、60Hz。从图 4.3 可以看出，随着子波主频的提高，层上下界面的区分更为明显。这表明，对采区的地震资料，必须考虑地震波频率变化对采区断层解释的影响。根据地球物理的知识可知，影响地震波频率变化的因素有

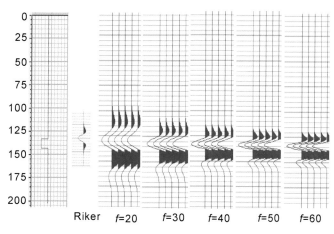

图 4.3　不同主频子波对应的褶积合成记录

（1）埋藏深度：随着埋藏深度的增大，地震波的传播距离更远，地震波高频成分衰减量大于浅部的衰减量。比如在晋城矿区某煤矿，浅部埋深 500m 左右的 5m 断层解释经过验证效果良好，而深部埋深 700m 左右的 5m 断层漏解释较多。其主要是由于勘探区内地震波频率的变化引起的，在深部的地震波主频降低，断层解释的分辨率也随之降低。

（2）震源的激发方式：比如药量、井深。例如淮南某矿区，浅层 9m 左右存在一个潜水位，此时井深选择需要注意：激发有效波和鬼波产生相长干涉的深度；在选择激发药量时，不仅要考虑激发频谱主频的高低，也要考虑在压制低频之后，剩余高频能量的

相对大小，从而保证最终获得宽频有效波。

（3）含水区域的影响：在山西某矿区，3#煤层顶板存在一个砂岩含水层，矿区存在砂岩水问题，与相邻矿区不存在砂岩含水层的地震资料相比，该区域的煤层反射波虽然较为明显，然而其地震波的主频明显低于相邻矿区。类似地，在煤层上方存在采空区时，能明显看到下方煤层反射波频率降低，甚至是反射波混乱。

根据上述的分析可以看出，采区小构造的探查，与地震资料的主频和频带密切相关，而地震资料的频率受到煤层埋藏深度、震源激发方式和含水区域的影响。因此，在对研究区域的构造精度进行探讨时，一般需要结合实际情况分析。在沁水盆地，大部分矿区的煤层埋藏深度在 600m 以内，煤层顶板砂岩水少，比较适合地震高频信息的保存，有利于在构造探查上取得较好效果。

4.2　采区构造地震属性解释

在获得叠前偏移数据体或叠后偏移数据体的情况下，可开展采区构造解释。为了合理地获得构造在地震资料中的信息，需要对地震数据进行分析，并通过一定的方式进行显示，比如，方差属性剖面、时间地震剖面和方差地震属性组合双属性、沿层提取的地震属性等。

4.2.1　单属性解释

时间地震剖面是地震资料解释中最为基本的成分。时间地震剖面主要有三种显示方式，分别是波形变面积、波形变密度，以及前面两种方式的叠合，如图 4.4 所示。时间地震剖面主要以叠前或叠后数据的方式提供给解释人员。地震资料中蕴含有丰富的地质信息。对叠前或叠后地震数据，通过数学模型变换而得出的有关地震波的几何学、运动学、动力学或统计学特征，被统称为地震属性。

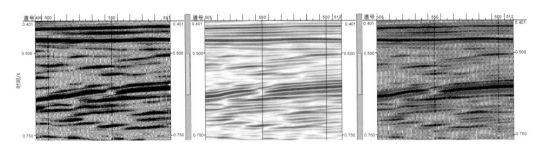

图 4.4　时间地震剖面的三种显示方式

地震属性经过多年的发展，已经有上百种地震属性，内容丰富。同时，每一种地震属性的地球物理含义也不相同，为地震属性的选择带来难度。从地震属性的定义可以看出，地震属性可分几何学的、运动学的、动力学的和统计学的几大类。Taner 等于 1995

年将地震属性分为两类，一类为几何属性，另一类为物理属性。几何属性通常与地震波的几何形态有关，其计算可被认为是在网格上的数学运算而不是对地震资料的计算，例如倾角、方位角、曲率以及连续性，这些属性主要反映地质构造方面的信息。物理属性通常与波的运动学和动力学特征有联系，它可以细分成两大类，八个小类，即振幅、波形、频率、衰减、相关性、速度、AVO 及其各种比率，可用于岩性及储层特征解释。Brown 于 2001 年将地震属性分为四种基本类型，即时间、振幅、频率和衰减属性。时间属性提供与构造有关的信息，振幅属性提供与地层和储层有关的信息，频率属性也是提供与储层有关的信息，而衰减属性可能提供与渗透率有关的信息。

　　构造不仅引起地层的起伏变化，比如，正断层的上盘下降，下盘上升；而且也引起地层的岩性变化，比如，断层存在断层带，陷落柱存在内部陷落等。因此，每一种地质构造，都有各种方面的变化，从理论上，每一种地震属性都对此存在一定程度的反映。从实际运用的角度，地震属性的选择以能反映地质体的地质特征为最佳。在地震资料的构造解释中，目前最为常用的地震属性主要是方差体和相干体两种属性。这两种属性可以用于快速确定构造的走向，指导断点的组合。

4.2.2　相干体属性

　　该属性是指相邻地震道的波形相似性，实际计算为沿某一时间计算各个网格点上的相关值。设多道地震记录为 $X_j(n)$, $j=1$, 2 , $\cdots$, M ; $n=1$, 2 , $\cdots$, N 。为考察此 M 道地震记录的相似性，假设有一标准道 $\bar{X}(n)$ ，将各道与其比较，使这 M 道与标准道的误差能量达到最小。

$$Q = \sum_{j=1}^{M} \sum_{n=1}^{N} [X_j(n) - \bar{X}(n)]^2 \tag{4.1}$$

令 $\dfrac{\partial Q}{\partial \bar{X}(l)} = 0$, $l = 1$, 2 , $\cdots$, N ，推导整理得

$$\bar{X}(l) = \frac{1}{M} \sum_{j=1}^{M} X_j(l) \quad l = 1, 2, \cdots, N \tag{4.2}$$

即标准道地震记录 $\bar{X}(n)$ 为原始 M 道地震记录的算术平均。而 M 道与标准道的误差能量为

$$Q = \sum_{j=1}^{M} \sum_{n=1}^{N} [X_j(n) - \bar{X}(n)]^2 = \sum_{j=1}^{M} \sum_{n=1}^{N} [X_j^2(n) - 2X_j(n)\bar{X}(n) + \bar{X}^2(n)]$$

$$= \sum_{j=1}^{M} \sum_{n=1}^{N} X_j^2(n) - M \sum_{n=1}^{N} \bar{X}^2(n) \tag{4.3}$$

此误差能量与 M 道地震记录总能量之比为

$$\frac{Q}{\sum\limits_{j=1}^{M} \sum\limits_{n=1}^{N} X_j^2(n)} = \frac{\sum\limits_{j=1}^{M} \sum\limits_{n=1}^{N} X_j^2(n) - M \sum\limits_{n=1}^{N} \bar{X}^2(n)}{\sum\limits_{j=1}^{M} \sum\limits_{n=1}^{N} X_j^2(n)} = 1 - \frac{M \sum\limits_{n=1}^{N} \bar{X}^2(n)}{\sum\limits_{j=1}^{M} \sum\limits_{n=1}^{N} X_j^2(n)} \tag{4.4}$$

将 M 道地震记录每两道之间的相似系数之和 S，称为 M 道地震记录的未标准化相关系数：

$$S = \sum_{i=1}^{M} \sum_{j=1}^{M} \left[\sum_{n=1}^{N} X_i(n) X_j(n) \right] \tag{4.5}$$

由于每一对地震记录之间的相似程度可以由相似系数来衡量，所以未标准化相关系数也可以给出 M 道地震记录之间相似性的度量，标准化相关系数的表达式为：

$$R = \frac{S}{(M-1) \sum_{j=1}^{M} \sum_{n=1}^{N} X_j^2(n)} \tag{4.6}$$

则相对误差能量为

$$\frac{Q}{\sum_{j=1}^{M} \sum_{n=1}^{N} X_j^2(n)} = \frac{M-1}{M}(1-R) \tag{4.7}$$

由式（4.7）知，相对误差能量只与 R 有关。R 大，相对误差能量小，说明 M 道地震记录相似性好；R 小，相对误差能量大，说明 M 道地震记录相似性差。实际计算时，为了消除倾斜但连续的地层的影响，还需要进行倾角扫描。

在地下地层没有发生变化的区域，地震波最为相似，此时的相干属性值大；在地下地层发生变化的区域，比如在断层、地层岩性突变、陷落柱的范围内，地震道之间的波形特征发生变化，进而导致局部的道与道之间的相关性突变，地震道之间的相似性小。通过相干属性沿地质层位提取，就可以使相似系数或相关值低值反映出地质构造的展布，如图 4.5 所示。

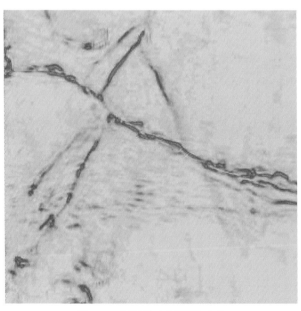

图 4.5　相干体上断层的反映

4.2.3　方差体属性

该属性是通过统计学中的方差概念来进行计算。统计学中，如果有一个系列 x_i，$i =$
1，$\cdots$，n，那么该系列每个数据点和中心的偏离程度，都可以用方差来表示。当系
列中每个样本的值都比较集中时，方差较小；当系列中每个样本的值都比较分散时，
方差较大。方差值 0 代表为常数，没有差异，方差越大，代表差异越大。具体公式
如下：

$$\overline{x_i} = \frac{1}{n} \sum_{i=1}^{n} x_i \tag{4.8}$$

$$s^2 = \frac{1}{n-1} \sum_{i=1}^{n} (x_i - \overline{x_i})^2 \tag{4.9}$$

同样的道理，在地震数据中，如图 4.6 所示，分别取 Inline 方向（i 表示）和 Xline
方向（x 表示）相邻的 n 道作为样本，每个道指定时窗 t 的振幅平均值为样本值，同
时，为了对比方便，对方差进行归一化，则有如下的计算公式：

$$\overline{S_{i,x,t}} = \frac{1}{(n \times n \times l)} \sum_{i=1}^{n} \sum_{x=1}^{n} \sum_{t=-l/2}^{l/2} S_{i,x,t} \tag{4.10}$$

$$Va_{i,x,t} = \frac{n \times n}{(n \times n - 1) \sum_{i=1}^{n} \sum_{x=1}^{n} \sum_{t=-l/2}^{l/2} (S_{i,x,t})^2} \sum_{i=1}^{n} \sum_{x=1}^{n} \sum_{t=-l/2}^{l/2} (S_{i,x,t} - \overline{S_{i,x,t}})^2 \tag{4.11}$$

该属性值范围在 $0 \sim 1$，0 代表地震道之间的差异性小，1 代表地震道之间的差异性
大。通过方差属性的计算，可揭示断层、岩性体边缘、不整合等地质现象，识别构造和
断层的分布，如图 4.7 所示，还能够减少复杂情况下人为因素造成的误差及由此而产生
的多解性。

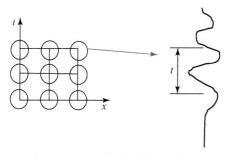

图 4.6　方差体属性计算示意图

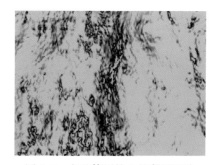

图 4.7　方差体属性上的断层反映

4.2.4　沿层属性提取

沿层地震属性是以解释层位为基础，沿目的层段开一时窗，对时窗内的记录作自相
关、功率谱、傅里叶谱、自回归及其他统计特征分析而提取的地震属性。它的数值对应
一个层位或一套地层，每个属性值对应一个 xy 坐标。提取方式有两类：第一类是沿一

个解释层开一个常数时窗，在此时窗内提取地震属性，提取方式如图4.8所示，分别为沿解释层位往上开时窗提取；沿解释层位往下开时窗提取；沿解释层位上下开时窗提取；沿解释层位平移开时窗提取。第二类是用两个解释层提取某一段地层对应的地震属性，提取方式与第一类类似，如图4.9所示。

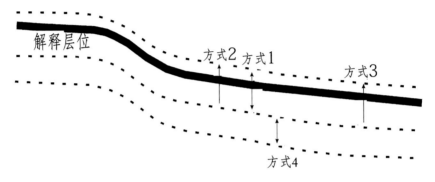

图4.8　单层地震属性提取方式

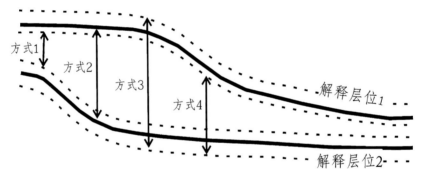

图4.9　层间地震属性提取方式

4.2.5　双属性解释

这里所指的双属性解释是通过时间地震剖面和优选的地震属性组合，并显示在剖面中进行地震资料解释。常规的地震资料解释主要是利用单属性。随着计算机技术的发展，目前多种属性叠合显示已经成熟，并在地震解释软件中得到了广泛实现，通过在已知断层等地质信息中优选出勘探区内的多个敏感地震属性，利用多属性叠合显示方式，能快速有效地确定地质异常的分布。图4.10为常规解释与双属性解释的对比，其中选取方差属性或相干属性与地震时间剖面叠合显示。在图4.10中，双属性解释能明显看出大断层左边的3~5m小断层，而常规解释则不明显。

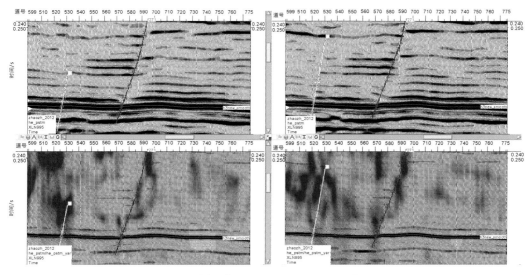

图 4.10　赵庄煤矿常规解释（上）和双属性解释（下）

4.3　构造可靠程度评价

根据《煤炭煤层气地震勘探规范》有关规定对解释的断层进行可靠性评价。按 20m 的抽样间隔进行断点分级和评价，对于落差小于 3m 的断层作为异常断层，不参与评级。

依据断点在时间剖面上的显示特征将断点分为 A、B、C 三级，具体标准为

A 级断点：上下两盘反射波对比可靠，同相轴错断明显，断层性质和产状可明确确定；

B 级断点：上下两盘反射波对比较可靠或一盘可靠，另一盘稍差，能基本确定断层性质、产状和落差；

C 级断点：有断点显示，但标志不够清晰，能基本确定断层的一盘或升降关系，两盘反射波连续性较差。

断层的评级分为可靠、较可靠、控制程度较差三个级别，标准为

A 可靠断层：A+B 级断点占 80% 以上，且 A 级断点占 50% 以上，断面产状、性质明确，断距变化符合地质规律。

B 较可靠断层：A+B 级断点占 65% 以上，断面产状、性质较明确。

C 控制程度较差断层：A+B 级断点不足 65%，断面产状、平面位置、断距不够明确。

4.4　晋城矿区断层的地震解释

经过全三维处理得到一个三维地震数据体，三维数据体中蕴藏着丰富的地质信息。

地震资料解释就是综合利用解释技术对数据体内的地质信息进行加工提炼，将地震信息转换成地质信息的过程。利用三维可视化软件对数据体进行层位多视角空间立体追踪。在层位解释完成后，就可以全面了解数据体上目的层反射波的空间形态和断层信息，从而进行构造解释。本区采用体–面–线–点相结合的解释方法，即以三维可视化立体显示为基础，以地质研究对象为目标，从体、面、线、点等多渠道以及数据体的多个视角，全方位剖析三维地震数据体，最终获得地质解释结果。其基本过程是：利用三维可视化技术对数据体进行多视角空间立体追踪，然后结合各种切片（如沿层切片、水平切片、面块切片）和各种地震剖面（如主测线、联络测线、任意测线、连井测线）进行层位和断层解释，最后获得小断层、小褶曲、煤层变薄带和冲刷带等地质解释成果。

4.4.1　煤层反射波层位标定及解释

层位标定的正确与否，直接影响构造解释的结果和精度。合成记录标定是在准确的钻井地质分层基础上，利用声波时差测井资料合成地震记录进行地震–地质层位标定。在晋城矿区内，存在以下两个典型的反射波特征，如图 4.11 ~ 图 4.13 所示。

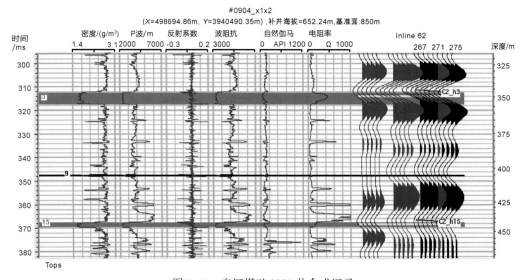

图 4.11　寺河煤矿 0904 井合成记录

T3：该波组连续，能量强，是勘探区的标志波组，亦是主要目的层波组。相位 2 个，视主频为 60 ~ 90Hz。稳定性好，全区均可对比追踪，负相位标定为 3#煤层顶板界面的反射波。

T15：该波组较稳定，全区连续性良好，能量中强—弱，是本次目的层波组之一。相位 1 个，频率为 40 ~ 60Hz，全区基本可连续追踪。该波组由于受到上覆 3#中厚煤层的屏蔽影响，和 T3 波组相比波组特征相对较差，该波组标定为 15#煤层的复合反射波。

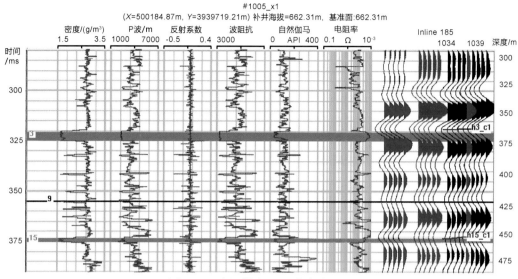

图 4.12 寺河煤矿 1005 井合成记录

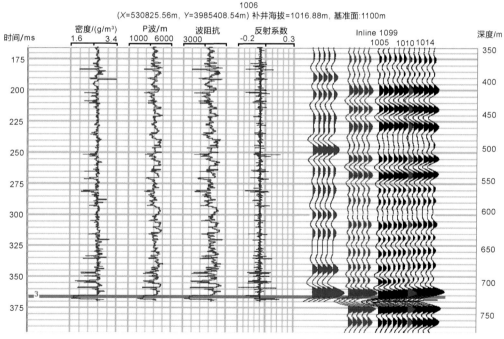

图 4.13 赵庄煤矿 1006 井合成记录

在标定了目的层反射波 T3 和 T15 后，首先对其进行网度（40m×40m）对比追踪，并对其反映出的褶曲、断层、陷落柱进行反复确认，在平面上对断点进行初步组合，形成全区构造形态的基本格架。其次利用自动拾取进行加密（5m×5m）追踪对比。这样不仅保证了逐线逐道均有解释结果，而且保证了资料解释的合理性及质量，如图 4.14、图 4.15 所示。对于原始资料较差，构造复杂地段，则遵循先易后难的原则，在不同块段增加控制点的数量，分区、分块进行层位追踪。

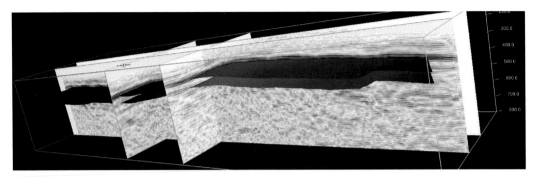

图 4.14　寺河煤矿西采区三维可视化图

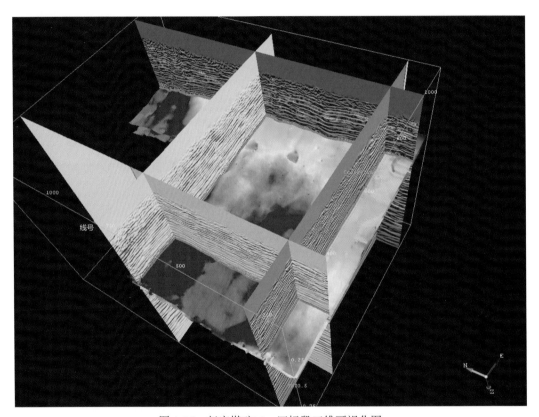

图 4.15　赵庄煤矿二、四标段三维可视化图

4.4.2　断点解释和组合

在了解本区的总体地层形态后，就可以根据沿层振幅切片和沿层相干切片，把握勘探区大套构造的发育情况，确定主要构造走向，在地震剖面上精细确定断点位置。由正演得知，当地层正常时，时间剖面上各煤层反射波同相轴稳定、连续、无畸变。如果时间剖面上，标准反射波同相轴发生相位错动、中断、强相位转移、反射波消失、同相轴

骤然增多、或发生同相轴扭曲等畸变时，则可能是由于断点的存在。

由于在垂直构造走向的地震时间剖面上，断点等地质异常显示得最清楚，所以要综合利用主测线、联络测线、任意测线和连井测线等多种地震剖面进行断点解释，并联合水平切片，全方位地反复对比、反复检查、反复修改，确保解释结果的正确可靠。

在解释过程中首先以方差体技术和沿层地震属性为基础，确定断层走向，再以波形加变面积时间剖面为主，配合其他彩色显示剖面，同时结合水平切片进行判断和识别。

1）确定构造纲要

三维方差体技术能够对三维地震地质信息自动拾取，特别是识别断层及地层不连续变化；水平切片反映了地质构造在不同时间深度上的空间形态；顺层切片反映了某一目的层的构造形态。三者结合可建立起构造骨架的概略模型，从而确立构造纲要。这一步骤与层位的追踪解释同步进行。

2）断点的解释

根据构造纲要上指示的构造走向就可以在时间剖面上对断点进行解释。时间剖面上断点的主要标志有：反射波同相轴错断，强相位转换，相位突然增多或减少，断点绕射点的出现等。

3）断层组合

三维资料解释中的断点组合与二维相同。把性质相同、落差相近的相邻剖面上的断点按一定展布规律组合起来。同一断层的断点在相邻倾向和走向上的性质有一定的规律性，根据这些规律性，将相邻剖面的断点进行组合后，反过来再在各个方向上闭合，检查断面与同相轴之间的关系。这些关系应在同一层位上表现出统一性和连续性，并且符合地质构造规律。

4.4.3　小断层的解释

由于大断层的空间分布范围大，一般较容易获得已知资料。通过结合已知资料地震资料的采集、处理、解释能较好地控制大断层的空间位置。煤层中的小断层，尤其是5m以下的小断层，一直是严重影响煤矿安全生产的重要问题。目前在晋城矿区，通过多个勘探区的实践，逐渐摸索出了一条解释小断层的技术路径。

首先是晋城矿区内的小断层存在以下两种情况。一是煤层中的小断层属于该断层的顶部或底部。比如在晋城矿区赵庄煤矿 1306 工作面，存在一条延展长度近 1000m，落差为 3～5m 的小断层。经过地震资料解释分析，发现煤层中的该条小断层，属于一个大断层的底部。二是，煤层中小断层局部发育，不属于大断层，仅仅在煤层发育，其破碎带的高度较小，延展长度有限。当小断层的延展长度较长，比如 60m 以上，按照地震资料网格为 20m×20m，一般形成至少三个断点的信息，比较有利于解释；而小断层的延展长度较小时，往往难以解释，这主要是由于断点的信息较少。

针对第二种小断层的情况，为了尽可能地把小断层解释出来，采取以下的方式，提高小断层的解释效果。

　　一是通过层位的自动追踪技术，对全区内的煤层反射波信息进行追踪，在反射波自动追踪效果较差的区域，往往发育有构造，把这些区域列为构造重点分析区域。

　　二是对全区进行解释，尤其是对重点分析区域进行解释。通过采用双属性显示的方式，增强小构造的响应特征，进行小构造的解释。

　　通过上述的解释技术，在晋城矿区的地震勘探中，获得了大量的构造解释成果，并在井下开采中获得了较好的验证。

4.4.4　寺河煤矿断层的解释成果

　　西采区一块段：勘探区内共解释断层 72 条，其中正断层 23 条，逆断层 49 条。按断层可靠程度分类：可靠断层 31 条，较可靠断层 37 条，控制较差断层 4 条；按照断层落差大小分类：落差≥10m 的断层 13 条，落差 5～10m（包括 5m）的断层 31 条，落差 3～5m（包括 3m）的断层 28 条。部分断层的地震剖面解释见图 4.16～图 4.21。

　　1）3#煤层断层控制

　　西采区一块段勘探区内 3#煤层共解释断层 25 条，其中正断层 2 条，逆断层 23 条，F19、F22 为已知断层。

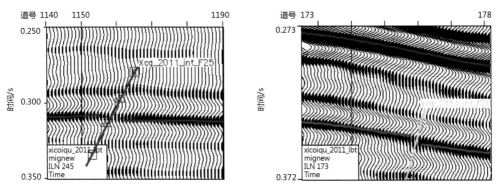

图 4.16　寺河煤矿西采区 F25 断层（左）和 F26 断层（右）

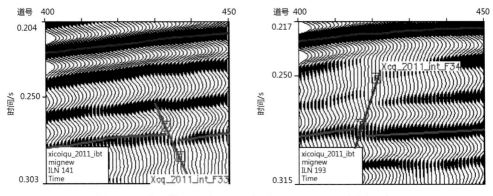

图 4.17　寺河煤矿西采区 F33 断层（左）和 F34 断层（右）

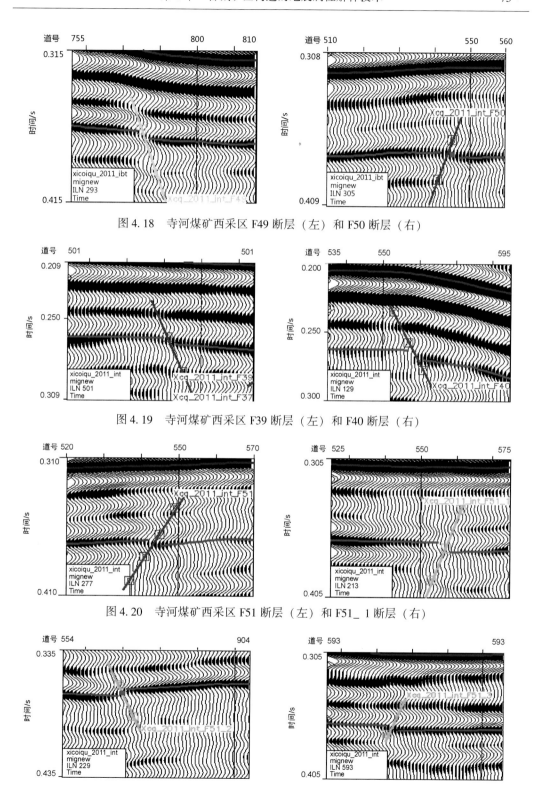

图 4.18　寺河煤矿西采区 F49 断层（左）和 F50 断层（右）

图 4.19　寺河煤矿西采区 F39 断层（左）和 F40 断层（右）

图 4.20　寺河煤矿西采区 F51 断层（左）和 F51_1 断层（右）

图 4.21　寺河煤矿西采区 F51_2 断层（左）和 F51_3 断层（右）

按照断层落差大小分类：落差≥10m 的断层 2 条，落差 5～10m（包括 5m）的断层 13 条，落差 3～5m（包括 3m）的断层 10 条。

按照可靠程度划分：可靠断层 16 条，较可靠断层 9 条。

2）15#煤层断层控制

西采区一块段勘探区内 15#煤层共解释断层 48 条，其中正断层 21 条，逆断层 27 条。

按照断层落差大小分类：落差≥10m 的断层 11 条，落差 5～10m（包括 5m）的断层 19 条，落差 3～5m（包括 3m）的断层 18 条。

按照可靠程度划分：可靠断层 15 条，较可靠断层 29 条，控制较差断层 4 条。

4.4.5　赵庄煤矿断层的解释成果

围绕 3#煤层，勘探区内共解释断层 291 条，其中正断层 284 条，逆断层 7 条。按断层可靠程度分类：可靠断层 50 条，较可靠断层 173 条，控制较差断层 68 条；按照断层落差大小分类：落差≥10m 的断层 17 条，落差 5～10m（包括 5m）的断层 49 条，落差 0～5m 的断层 225 条。部分断层的地震剖面解释见图 4.22～图 4.27，关于断层控制详细情况及可靠性评价见附表 2。

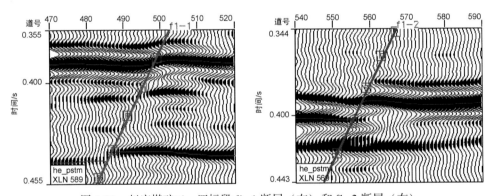

图 4.22　赵庄煤矿二、四标段 f1-1 断层（左）和 f1-2 断层（右）

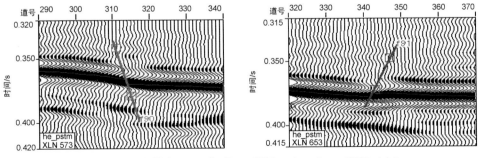

图 4.23　赵庄煤矿二、四标段 f90 断层（左）和 f91 断层（右）

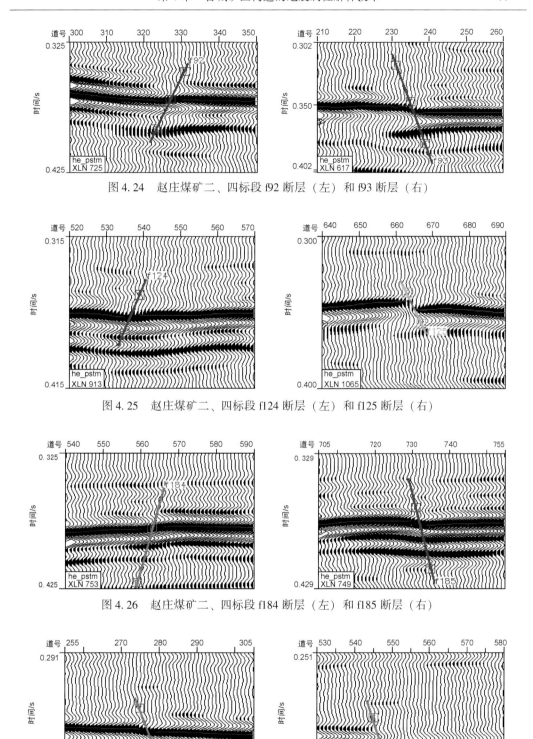

图 4.24　赵庄煤矿二、四标段 f92 断层（左）和 f93 断层（右）

图 4.25　赵庄煤矿二、四标段 f124 断层（左）和 f125 断层（右）

图 4.26　赵庄煤矿二、四标段 f184 断层（左）和 f185 断层（右）

图 4.27　赵庄煤矿二、四标段 f210 断层（左）和 f211 断层（右）

4.5　陷落柱的地震解释

地层在地质构造应力和上部覆盖岩层的重力作用下，局部发生坍塌，覆盖在上部的地层也随之陷落，围岩下沉，塌陷呈圆形或不甚规则的椭圆形柱状体，这种地质体叫陷落柱。其可能的形成原因主要是，石灰岩地层存在构造作用或地下水溶蚀作用形成的裂隙、孔隙，经过灰岩地层地下水的溶蚀作用这些裂隙和孔隙不断扩大，形成空洞，空洞周围的介质在构造力和重力作用下，发生坍塌，形成陷落柱。因此，陷落柱一般和灰岩地层密切相关。晋城矿区内的山西组3#煤层距太原组灰岩大概 70~120m，距奥陶系灰岩大概 200~300m，因此，根据灰岩地层发育的陷落柱情况，陷落柱有可能发育到含煤地层，甚至到达地表。

陷落柱最为明显的特征是地层局部下陷，这种下陷带来了地层形态和物性上的差异。从形态上，由于陷落柱内部的下陷，陷落柱内部的地层与围岩相比，明显下沉。按照陷落柱的平面特征，可以划分为近似椭圆形和不规则形状；根据陷落柱的剖面特征，有圆锥形、漏斗形、斜塔形和不规则形等。从物性上，由于陷落柱的形成过程受到了地质构造和地下水溶蚀作用，在陷落柱的围岩区域，发育有大量的裂隙、节理或小断层。在陷落上部地层，由于上覆地层的重力作用，一般表现为凹陷。陷落柱内部的下陷地层往往欠压实作用，根据下沉量的大小而表现不同。下沉量较小时其内部地层结构没有明显破坏，此时可以看到地层下凹，地层中裂隙发育；当下沉量较大时，地层结构受到破坏，结构松散。由于陷落柱内部的下沉变化，内部物质与原岩相比，密度和速度降低，尤其是在陷落柱内部含水的情况下，速度下降明显。陷落柱在形态上和物性上的特征，为利用地震资料探测陷落柱奠定了几何和物理基础。

根据前述的分析，可以指导陷落柱的地震解释，并帮助区分陷落柱与断层在地震资料上的地震响应特征。在地震时间剖面上，陷落柱表现为反射波同相轴下凹，下凹段反射波振幅与两侧正常区域明显不一致；而断层则表现为反射波同相轴错断，断点两侧的反射波组具有一定的相似性。在沿层切片上，陷落柱表现为地震振幅等属性的近似圆形或近椭圆形异常；而断层为一个狭长的断层带。在处理人员提供叠加数据体的情况时，还可以根据叠前的绕射波和相关信息进一步判断。

需要注意的是，在实际过程中，陷落柱与断层的解释常常混淆，甚至在解释的陷落柱区域，验证后发现不存在陷落柱或断层。其主要与地层局部含水与否有关。当煤层顶板或底板存在局部富水区时，由于地层充水后速度降低，含水区域反射波延迟，与围岩相比表现为下沉。断层带充水后速度明显降低，并引起断层两侧含水，此时断层带表现为反射波下凹。

在寺河煤矿、赵庄煤矿的地震资料解释过程中，都发现有陷落柱的存在，并且在特征上各有特点。既有由断层发育形成的陷落柱，也存在由于水文地质活动引起地层下陷而形成的陷落柱。

4.5.1　寺河煤矿陷落柱地震响应特征

根据地震资料和陷落柱地质特征研究，在西采区发现有三个陷落柱异常发育区，分别命名为 XLZ1、XLZ2 和 XLZ4，初步认为是陷落柱，其中 XLZ4 获得了井下验证，其他异常有待于井下掘进的进一步工作。代表性地质异常描述如下：

（1）地质异常体 XLZ2 位于西采区中南部边界，在地震剖面上表现为上小下大的锥体（如图 4.28 ~ 图 4.32 所示）。3#、15#煤层地震同相轴出现明显下凹，反射波不连续、杂乱，煤层保持不完整，需要注意煤层底板裂缝发育可能与深部的灰岩水导通。中心坐标 $X=496288.551\text{m}$，$Y=3939527.342\text{m}$，距离 1102 孔北约 350m。水平形态为近椭圆形，在 3#煤层的平面长轴为 NW，约 267m，平面短轴为 NE，约 174m；在 15#煤层的平面长轴为 NW，约 290m，平面短轴为 NE，约 230m。

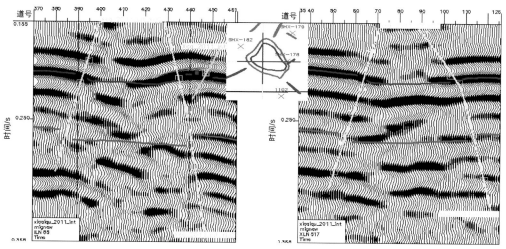

图 4.28　寺河煤矿西采区 XLZ2 时间地震剖面（左：Inline85，右：Xline517）

（2）地质异常体 XLZ4 位于西采区西南部边界，在地震剖面上表现为上小下大的锥体。3#、15#煤层地震同相轴出现明显下凹，3#煤层保持得较为完整，15#煤层波状起伏，不连续，保持不完整。15#煤层以下的地层反射波同相轴杂乱，需要注意煤层底板裂缝发育可能与深部的灰岩水导通。中心坐标 $X=496288.551\text{m}$，$Y=3939527.342\text{m}$，距离 1001 孔南约 350 米。水平形态为近椭圆形，在 3#煤层的平面长轴为 NE，约 300m，平面短轴为 NW，约 220m；在 15#煤层平面长轴为 NE，约 370m，平面短轴为 NW，约 330m。

4.5.2　赵庄煤矿陷落柱地震响应特征

赵庄煤矿在地震资料上解释有 11 个陷落柱异常区，主要集中在二标段的顶部和四标段的顶部，统计情况如表 4.1，代表性的图件如图 4.33 ~ 图 4.36 所示。

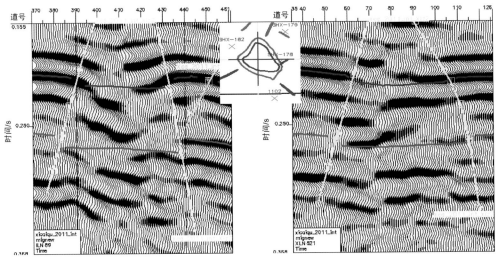

图 4.29　寺河煤矿西采区 XLZ2 时间地震剖面（左：Inline89，右：Xline521）

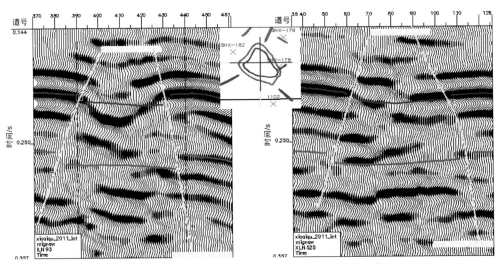

图 4.30　寺河煤矿西采区 XLZ2 时间地震剖面（左：Inline93，右：Xline525）

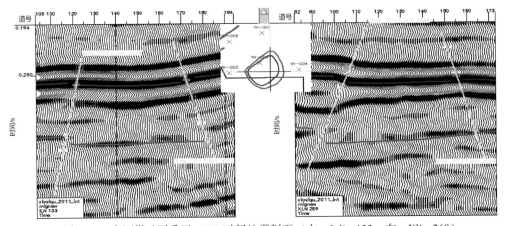

图 4.31　寺河煤矿西采区 XLZ2 时间地震剖面（左：Inline133，右：Xline269）

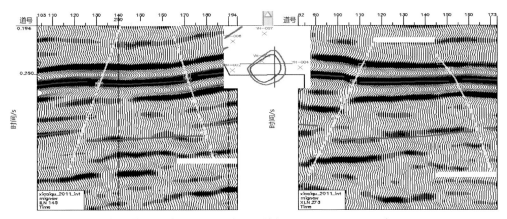

图 4.32　寺河煤矿西采区 XLZ2 时间地震剖面（左：Inline145，右：Xline273）

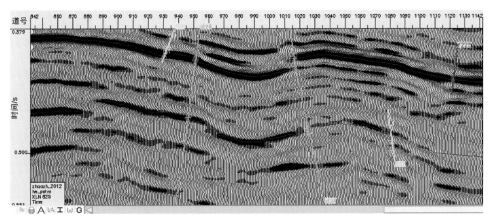

图 4.33　赵庄煤矿二、四标段 XLZ4 在地震资料上的响应（Xline825）

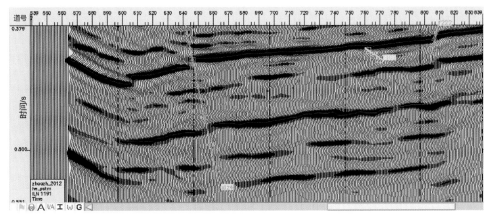

图 4.34　赵庄煤矿二、四标段 XLZ4 在地震资料上的响应（Inline1191）

表 4.1 陷落柱统计表

陷落柱名称	平面形态	中心坐标/m		平面规模/m				相对3#煤层冒落带高度/m	评级间隔/m	评级点数	断点级别/个			可靠程度	备注
		x	y	3#煤层长轴	3#煤层短轴	15#煤层长轴	15#煤层短轴				A	B	C		
XLZ1	近椭圆形	530494.309	3982546.952	110	66	214	112	86	20	24	4	12	8	较可靠	
XLZ2	近圆形	529966.861	3985035.969	163	150	280	231	90	20	26	11	10	5	较可靠	
XLZ3	近圆形	530009.162	3983699.562	294	235	411	380	300	20	42	11	24	7	较可靠	
XLZ4	近椭圆形	529806.562	3985857.645	410	380	450	430	到达地表	20	48	24	14	10	较可靠	
XLZ5	近椭圆形	530776.008	3983573.065	184	137	294	176	310	20	30	6	16	8	较可靠	
XLZ6	近圆形	529620.129	3981629.901	152	137	231	213	85	20	26	7	12	7	较可靠	
XLZ7	近三角形	530085.055	3982864.313	301	209	430	260	到达地表	20	40	16	18	6	较可靠	
XLZ8	近圆形	527333.017	3983607.594	180	130	227	163	160	20	26	8	13	5	较可靠	
XLZ9	近方形	530736.324	3986468.888	210	142	273	184	120	20	52	38	8	6	可靠	
XLZ10	近方形	530416.063	3986015.985	155	143	252	221	108	20	24	11	9	4	较可靠	
XLZ11	近椭圆形	527211.644	3981979.500	211	200	381	276	93	20	42	8	24	10	较可靠	

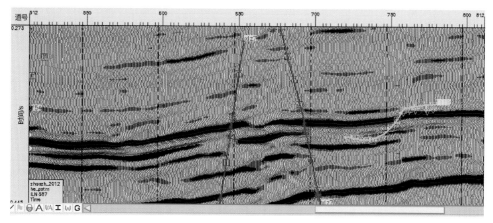

图 4.35　赵庄煤矿二、四标段 XLZ7 在地震资料上的响应（Inline587）

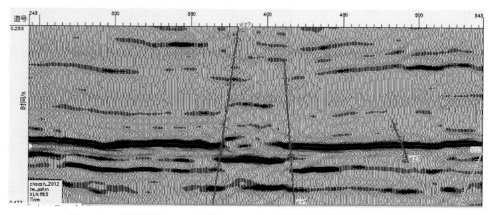

图 4.36　赵庄煤矿二、四标段 XLZ7 在地震资料上的响应（Xline865）

4.6　采空区的地震解释

采空区是指地下煤层由于开采活动形成一定空间范围的空洞区域。由于历史原因，部分煤矿形成了大量的采空区，带来了老空水问题，极大地影响煤矿的安全生产。尤其是由于小煤矿采空区的资料缺乏，煤矿形成的地下采空区具有隐伏存在的特点，同时，小煤矿在开采过程中，开采活动的随意性大，因此，采空区的空间分布规律性差。

根据采动后的煤层围岩岩层运动规律，在煤层采空区上方形成"上三带"，即冒落带、裂隙带和弯曲下凹带；在采空区的下方形成"下三带"，即导水裂隙带，隔水保护带和承压水导升带。"上三带"和"下三带"的发育情况，与煤层顶底板岩性组合、煤层厚度和开采方法密切相关。根据这种认识可知，煤层采动后，引起围岩的裂隙发育，顶板冒落、下凹，底板上凸。与正常区域相比，采空区的速度、密度急剧下降；围岩产生裂隙，不均质性增强，速度差异大。采空区围岩的物性变化与煤层顶底板岩性组合、煤层厚度和开采方法密切相关。由于工作面开采方式形成的采空区，物性变化较为明显，地震反射波特征一般为弱振幅，反射波同相轴起伏，地震波吸收衰减明显。由于小煤矿开采的规律性差，其采空区围岩产生的变化规律较为复杂。对应采空区的地震反射特征即可能存在前述特征，也可能振幅增强，或振幅变化不明显，从而给采空区的解释带来难度。

采空区围岩的物性特征，与陷落柱具有一定的相似性。两者较大的差异为空间形状。比如，煤矿巷道形成的采空区，在地震上资料表现为一个近乎平直规整的弱振幅带；工作面形成的采空区，在地震资料上的异常范围边界较为规整。

在寺河煤矿，由于存在小煤矿开采历史的原因，形成了采空区，在一定的地下水充填条件下，产生老空水，给煤矿的安全生产带来极大的安全隐患。在西采区发现有两个地质异常体，分别命名为 CK1 和 CK2，初步认为是采空区，分别描述如下：

CK1 位于西采区东南部边界。在地震剖面上 3#煤层反射波同相轴表现为与周围地震反射波具有明显的振幅差异（如图 4.37 ~ 图 4.39 所示），局部明显下沉，同相轴保持得较为完整。受 3#煤层影响，15#煤层波状起伏，不连续，反射波不完整。表明 3#煤层的地质异常体对深部 15#煤层影响大。煤层底板裂缝发育，可能与深部的灰岩水导通。中心坐标 $X = 500056.868\text{m}$，$Y = 3939561.103\text{m}$，距离 1005 孔西南约 350m，在勘探区外。水平形态为规则的多边形，在 3#煤层的平面长轴为近 N，约 330m，平面短轴为近 W，约 120m。

CK2 位于西采区东南部。在地震剖面上 3#煤层反射波振幅变弱，明显下沉。受 3#煤层影响，15#煤层反射波较弱，保持完整。需要注意 3#煤层的地质异常体引起煤层底板裂缝发育，可能与深部的灰岩水导通，如图 4.40 ~ 图 4.45 所示。中心坐标 $X = 500258.736\text{m}$，$Y = 3939793.924\text{m}$，距离 1005 孔西南约 120m，在勘探区内。水平形态为规则的多边形，在 3#煤层的平面长轴为近 E，约 200m，平面短轴为近 N，约 150m。

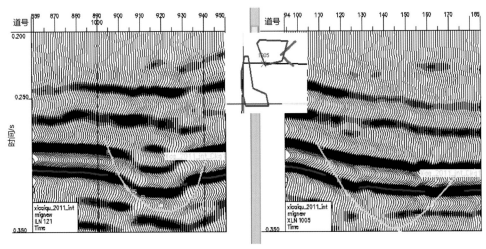

图 4.37　寺河煤矿西采区采空 CK1 时间地震剖面（左：Inline121，右：Xline1005）

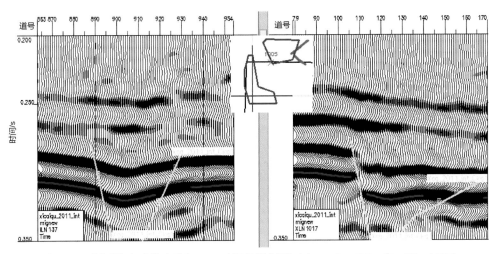

图 4.38　寺河煤矿西采区采空 CK1 时间地震剖面（左：Inline137，右：Xline1017）

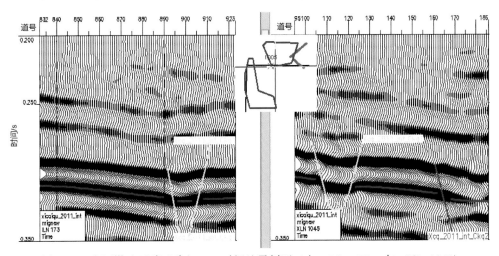

图 4.39　寺河煤矿西采区采空 CK1 时间地震剖面（左：Inline173，右：Xline1045）

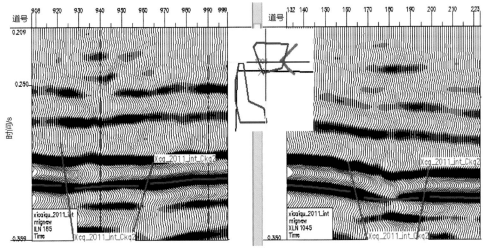

图 4.40　寺河煤矿西采区采空 CK2 时间地震剖面（左：Inline185，右：Xline1045）

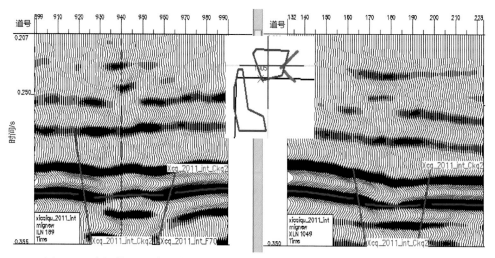

图 4.41　寺河煤矿西采区采空 CK2 时间地震剖面（左：Inline189，右：Xline1049）

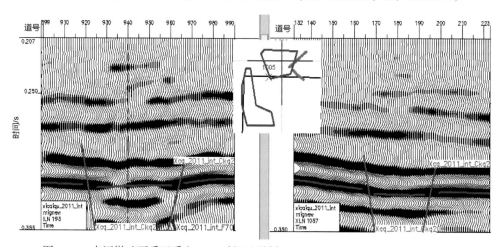

图 4.42　寺河煤矿西采区采空 CK2 时间地震剖面（左：Inline193，右：Xline1057）

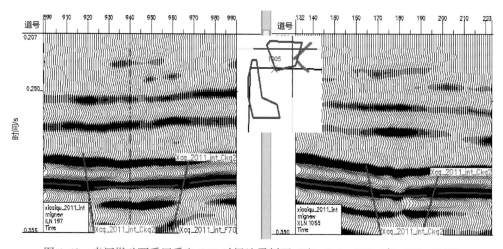

图 4.43　寺河煤矿西采区采空 CK2 时间地震剖面（左：Inline197，右：Xline1065）

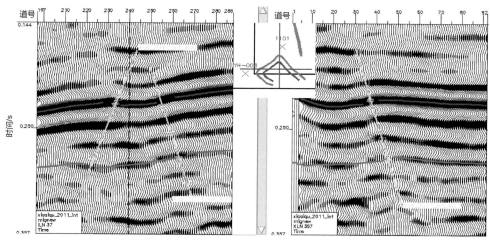

图 4.44 寺河煤矿西采区采空 CK2 时间地震剖面（左：Inline37，右：Xline357）

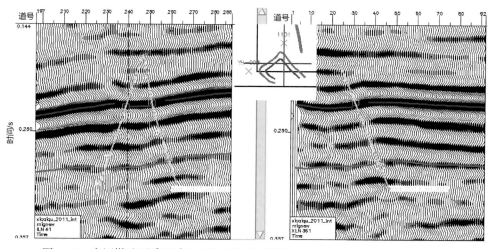

图 4.45 寺河煤矿西采区采空 CK2 时间地震剖面（左：Inline41，右：Xline351）

CK3 位于西采区西南部。在地震剖面上 3#、15#煤层反射波明显下沉，深部反射波明显下凹，反射波振幅弱。经研究，初步解释成果认为 3#煤层的地质异常体为采空区可能性较大，深部 15#煤层的地质异常体可能是陷落柱。需要注意煤层底板裂缝发育可能与深部的灰岩水导通。中心坐标 $X = 496770.868m$，$Y = 3938986.103m$，距离 1101 孔南约 200m，在勘探区外。水平形态为规则的多边形，在勘探区内 3#煤层的平面长轴为近 NW，约 180m，平面短轴为近 W，约 100m。15#煤层的平面长轴为近 NW，约 220m，平面短轴为近 W，约 150m。

第 5 章　晋城矿区煤层厚度预测技术

煤厚变化对煤炭资源量、煤炭开采有重要影响。例如，含煤地层受到河流冲刷作用，出现大量的无煤区；或受到岩浆岩侵入影响出现大面积薄煤区，当煤层厚度变薄到一定程度，则成为不可采区。部分矿区煤层瓦斯涌出量与煤层厚度突变关系密切。采用常用的钻孔内插法预测煤厚，对远离井位置的煤厚控制程度低。这里利用地震数据的横向采样密集性预测煤层厚度，有利于提高煤厚的预测精度。该方法通过正演模拟，分析地震波属性与厚度变化的关系，指导地震属性的选取。通过分析实际煤层厚度数据与地震属性的相关性，优选出地震属性，并通过克里金内插的方法预测煤层厚度变化，这是一种比较稳健的预测方法。

5.1　基于楔形模型的煤层厚度地震属性分析

5.1.1　楔形模型的建立及模拟

如图 5.1 所示，设计楔形各向同性模型，采用交错网格有限差分方法进行地震波传播模拟。楔形顶界面在 800m，最大厚度达到 90m。模型网格为 550×2000，网格大小为 2m×2m；震源为纵波震源，主频为 60Hz，采样时间间隔为 2ms；空间和时间精度分别为 10 阶和 2 阶；匹配层厚度为 20 个网格。背景介质纵波速度为 3000m/s，密度为 2.2g/cm^3。楔形的纵波速度为 1800m/s，密度为 1.94 g/cm^3。

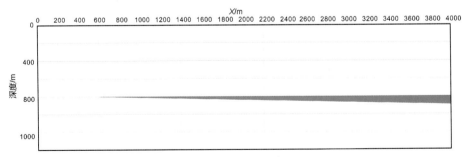

图 5.1　楔形模型示意图

地震波的波场快照如图 5.2 ~ 图 5.8 所示，Z 分量单炮记录如图 5.9 所示。从上述图中可以看出，地震波经过楔形模型的顶底界面时，随着楔形模型厚度的增大，能很好地分辨出顶底界面的地震反射波；同时，在楔形模型厚度达到楔形地震波波长的四分之一之前，顶界面的反射波波形随着楔形厚度的增大而逐渐与底界面波形分开；厚度达到四分之一波长以后的楔形位置，顶底界面的反射波波形与底界面反射波波形完全分开。通过波场快照，还能看到由于楔形顶底界面的波阻抗差异较大，形成了楔形内部的层间多次波。这些现象表明，对于煤层的地震勘探而言，求取煤层厚度的变化，必须考虑煤层顶底板的干涉作用引起的地震属性变化。

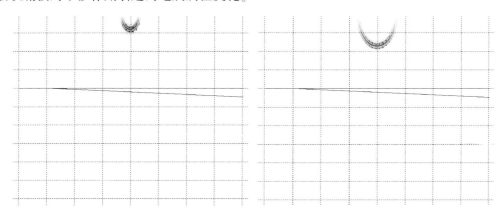

图 5.2　Z 分量波场快照（左：$t=50\mathrm{ms}$，右：$t=110\mathrm{ms}$）

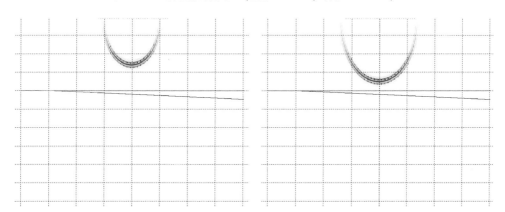

图 5.3　Z 分量波场快照（左：$t=170\mathrm{ms}$，右：$t=230\mathrm{ms}$）

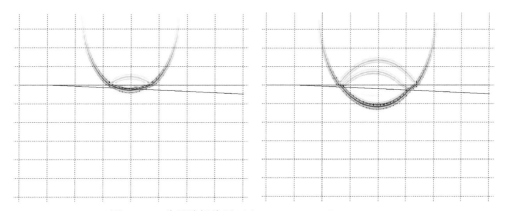

图 5.4　Z 分量波场快照（左：$t=290\mathrm{ms}$，右：$t=350\mathrm{ms}$）

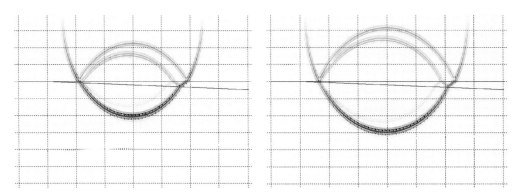

图 5.5　Z 分量波场快照（左：$t=410\text{ms}$，右：$t=470\text{ms}$）

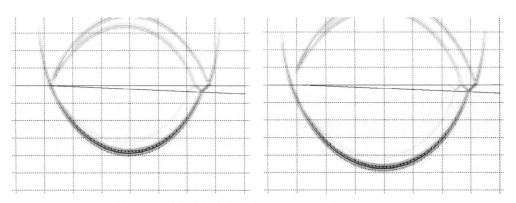

图 5.6　Z 分量波场快照（左：$t=530\text{ms}$，右：$t=590\text{ms}$）

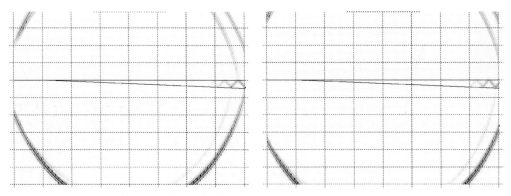

图 5.7　Z 分量波场快照（左：$t=650\text{ms}$，右：$t=710\text{ms}$）

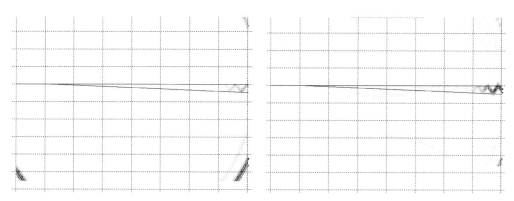

图 5.8　Z 分量波场快照（左：$t=770$ms，右：$t=830$ms）

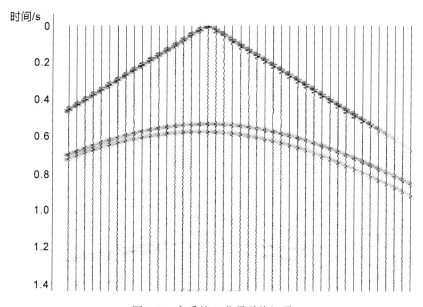

图 5.9　介质的 Z 分量单炮记录

5.1.2　楔形厚度变化与煤层厚度的关系

为了计算方便，把煤层速度设置为 2000m/s，地震主频设置为 80Hz，根据速度和主频、波长的关系，可知波长为 25m，因此，把楔形的最大厚度设置为 25m，模型长度设置为 250m，每米放置一个检波器，其他参数与前面的相同。利用前述的数值模拟方法，获得楔形模型的自激自收地震记录，如图 5.10 所示。从记录上可以看出，当楔形厚度小于八分之一波长（3.125m）时，楔形的顶底板难以区分；在八分之一波长（3.125m）至四分之一波长（6.25m）之间时，楔形的顶底板主要是为复合波的形式；厚度大于四分之一波长（6.25m）时，楔形的顶底板能够明显的区分。

追踪楔形的顶界面反射波，分别提取 7 个地震振幅属性，如表 5.1 所示。每一种属性的提取时窗分别以层位为中心，时窗长度为 2ms、6ms、10ms、20ms，结果如图 5.11 ～

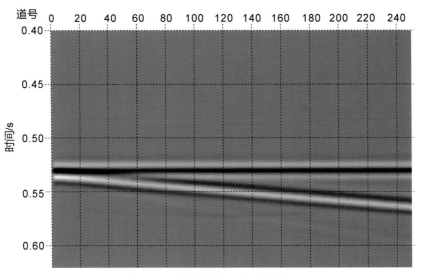

图 5.10　楔形模型的自激自收记录

图 5.17。提取的地震属性在左边能看到一个异常值，主要是由于该点处的楔形厚度为零，不存在反射波，因此表现为一个异常点。从地震振幅属性随着楔形厚度的变化能看出，除半能量属性外，其余地震属性与楔形厚度的关系明显。尤其是楔形厚度为四分之一波长时，楔形顶底板反射波的干涉会引起地震振幅发生变化，体现为明显的线性关系；超过四分之一波长后的楔形反射波，振幅未见明显的变化，主要是由于楔形顶底板的反射波已经逐步分离，彼此影响较小。其中，当楔形厚度小于四分之一波长时，振幅属性随着楔形厚度增大而增大，称为正相关；振幅属性随着楔形厚度增大而减小，称为负相关，各个属性的特征如下：

均方根振幅与楔形厚度表现为负相关；平均振幅随着时窗的变化，其属性与楔形厚度可能是正相关，也可能是负相关；振幅绝对值的平均与楔形厚度表现为负相关；最大振幅属性与楔形厚度表现为负相关，由于楔形顶部反射波的振幅强，最大振幅属性的提取与时窗无关；振幅绝对值的最大值属性与楔形厚度为负相关；时窗程度为 2ms 与 6ms 时，二者属性一样，随着时窗的增大，属性值增大，其原因可能是负相位的振幅值较大，因此振幅绝对值也增大；最小振幅的属性值与时窗关系密切，其与楔形厚度可能为正相关，也可能为负相关。总体上，振幅属性与楔形厚度的关系主要是负相关的关系。

表 5.1　振幅地震属性统计表

属性名	描述
均方根振幅	均方根振幅：$\sqrt{\dfrac{\sum\limits_{i}^{n} amp^2}{k}}$，振幅平方求和后，除振幅个数
平均振幅	平均振幅：$\dfrac{\sum\limits_{i}^{n} amp}{k}$，振幅的算术平均值，可以测量地震道的偏差

属性名	描述
振幅绝对值的平均	振幅绝对值的平均：$\dfrac{\sum_i^n |amp|}{k}$
半能量	半能量：$\dfrac{\sum_i^n amp^2}{2}$，指定时窗内总能量的一半
最大振幅	最大振幅
最小振幅	最小振幅
振幅绝对值的最大值	振幅绝对值的最大值

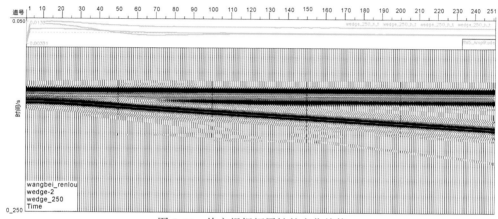

图 5.11　均方根振幅属性的变化趋势

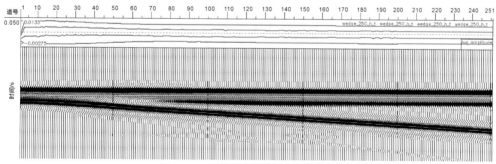

图 5.12　平均振幅属性的变化趋势

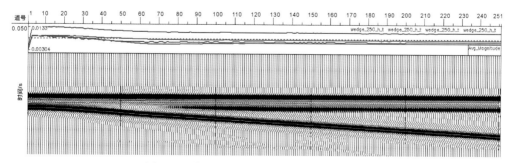

图 5.13　振幅绝对值的平均属性的变化趋势

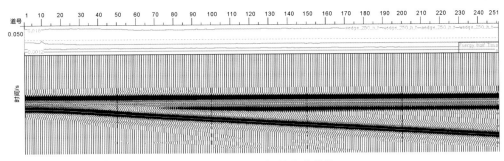

图 5.14　半能量属性的变化趋势

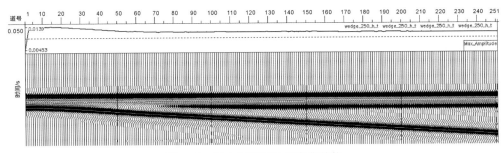

图 5.15　最大振幅属性的变化趋势

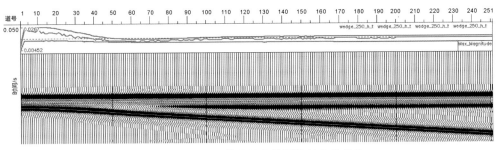

图 5.16　振幅绝对值的最大值属性的变化趋势

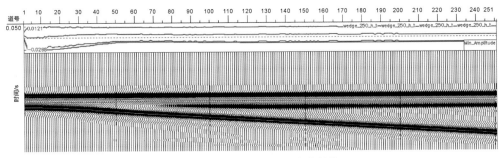

图 5.17　最小振幅属性的变化趋势

5.1.3　克里金内插

本书使用的煤层厚度预测方法是利用协克里金法建立煤层振幅与煤层厚度之间的关系。克里金技术这一术语出自英文 Kriging，亦可称为克里金估计方法，是地质统计学的主体和核心部分。利用克里金法进行内插，具有以下特征：

1. 估计的无偏性和最佳性

通过各种途径获得的地质或地球物理数据，是对客观存在的地下层性质的一种反映。由于测量技术的局限性，测量工具和仪器的误差，人工操作的失误，以及人们对测量原理和地质背景认识的不足，都使得这些数据和地下的客观存在有着一定的偏离，从而就有一定的随机性。此外，在煤田勘探开发中，作为采样点的观测值主要来自钻孔，其数目明显不足，因此利用这些观测值得到的各种值都必然会带有不确定性和随机性。对此，克里金估计方法利用区域化变量理论，把空间各处的观测值看成是随机变量，且把网格节点数值的估计归纳为随机函数的最佳无偏估值问题，从而较其他方法更能顺应观测数据和估计结果的随机性，而且具有更坚实的理论基础。与克里金估计方法所具有的估计的无偏性和最佳性相对照，其他估计方法在很大程度上是经验性的，没有相应的理论加以描述，也无法预先科学地判断给定算法效果的适用程度。

2. 体现变量的结构特性

区域化变量的结构特性是指它的空间相关性、连续性、各向异性和结构套合性，它们随着所描述的自然现象性质的不同而改变。克里金估计得来的加权系数不仅和参估点与被估点之间的距离有关，而且也和相应的变差函数有关，即与所确定的区域化变量的结构特性有关。因此，利用克里金估计方法得到的网格化数据能够体现区域化变量的结构特性。然而，利用距离反比加权方法形成网格化数据时，其加权系数被参估点与被估点之间的距离完全确定，而与具体的观测值本身毫无关系。这时，只要两个区域性变量的观测点位置相互重合，无论这两个变量的空间变异性有多么巨大的差别，其对应的加权系数总是完全相同的。这显然是不合理的。

3. 反映地质学家的认识

在克里金估计中，变量的区域化结构特性对加权因子的影响，是通过变差函数来体现的。变差函数反映了变量空间的相关性质随距离变化的规律。变差函数的主要参数基台值以及在值点附近的变化情况具有明显的地质意义，因此地质学家的认识有重要的影响。这种特征是其他形成网格化数据的方法所不具备的。

由于克里金估计方法不仅考虑观测点和被估计点的相对位置，而且还考虑了各观测点之间的相对位置。因此，克里金加权系数较距离平方加权系数更为合理优越。根据克里金估计方法特点，得到的煤层厚度应与事实具有较好的符合性，计算结果证明了这一点。

5.2　寺河煤矿煤层厚度预测

西采区一块段内存在常规钻孔（老孔）和煤层气孔（新孔），其中有煤层厚度的钻孔一共为 56 个，如表 5.2 所示。煤层厚度的求取过程是，通过分析煤层厚度与地震属性之间的相关性，选择具有较好相关系数的地震属性，采用克里金内插方法，获得勘探区内的煤层厚度分布。本次计算了西采区内的地震属性一共是 31 个，根据统计分析，地震属性与 3#煤层厚度的相关性如表 5.3 所示。

表 5.2　寺河矿西采区 3#煤层厚度统计表

序号	井名	厚度	序号	井名	厚度	序号	井名	厚度
1	YH-015	5.73	20	SHX-179	6.35	39	SHX-163	6.85
2	YH-009	5.69	21	SHX-175	6.42	40	SHX-158	6.57
3	YH-010	5.69	22	SHX-180	5.40	41	SHX-164	6.72
4	YH-006	5.65	23	SHX-181	6.55	42	SHX-152	6.42
5	YH-007	5.60	24	SHX-170	6.95	43	904	5.87
6	YH-003	5.65	25	SHX-174	6.35	44	905	6.10
7	YH-002	5.65	26	SHX-171	6.35	45	906	5.95
8	YH-012	6.10	27	SHX-172	6.32	46	907	6.23
9	YH-004	5.86	28	SHX-176	6.35	47	110	5.85
10	YH-005	5.86	29	SHX-173	6.53	48	115	7.22
11	YH-008	5.85	30	SHX-177	6.62	49	126	6.00
12	YH-011	5.85	31	SHX-168	6.75	50	1001	5.60
13	YH-016	5.83	32	SHX-167	6.18	51	1002	6.19
14	YH-017	6.14	33	SHX-162	5.83	52	1003	6.29
15	SHX-184	6.35	34	SHX-166	6.72	53	1004	6.10
16	SHX-183	6.13	35	SHX-161	6.63	54	1005	5.40
17	SHX-187	6.10	36	SHX-165	6.70	55	1101	6.00
18	SHX-182	6.38	37	SHX-156	6.70	56	1102	6.40
19	SHX-178	6.58	38	SHX-157	6.48			

表 5.3　寺河煤矿西采区 3#煤层厚度与地震属性相关性

地震属性	相关性	地震属性	相关性
波阻抗振幅包络	-0.6370	波形长度	0.3693
波阻抗振幅平均值	-0.5796	余弦相位	-0.3182
波阻抗正交道	-0.4844	瞬时相位	-0.3069
波阻抗	-0.3974	频率属性	0.2039

根据优选地震属性，通过克里金内插获得西采区一块段 3#煤层厚度分布如图 5.18 所示。总体上勘探区中部向斜轴部煤层较厚；勘探区西部，也就是背斜西翼的煤层相对较薄。中部 SHX-165 孔、SHX-170 孔，115 孔、SHX-168 孔附近煤层厚度均在 6.7 m 以上，最大达到 7.22 米，西部 YH-006 孔、YH-007 孔、1001 孔附近的煤层厚度均在

5. 7m 以下，最小为 5. 59m；其余孔附近煤层厚度在 5. 6 ~ 7m。

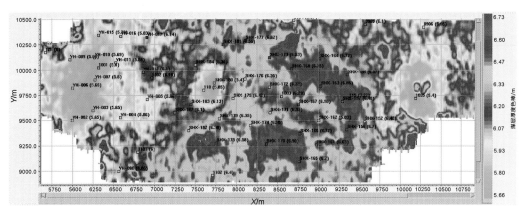

图 5.18　寺河煤矿西采区 3#煤层厚度分布趋势图

5. 3　赵庄煤矿煤层厚度预测

赵庄煤矿煤层厚度的求取，同样是基于煤层厚度与地震属性之间所具有的相关关系来进行的。根据统计分析，找出与煤层厚度相关系数最高的地震属性，建立地震属性与厚度之间的关系，利用协克利金法，预测远离钻孔位置的煤层厚度，得到全勘探区的煤层厚度分布，如图 5.19 所示，并分析其误差情况，如表 5.4。

从总体上看勘探区煤层厚度比较均匀，中部煤层较厚，西部相对较薄，煤层厚度在 4. 2 ~ 5. 6m。勘探区东部的 1506 孔、1306 孔、1107 孔和 1107 孔附近的煤层厚度都在 4. 8 ~ 5m；中部 zzft-004 孔、1308 孔、809 孔附近煤层厚度均在 5. 5m 以上；西部 1609 孔、1709 孔、1807 孔附近的煤层厚度在 4. 2 ~ 4. 5m 以下。

表 5.4　赵庄煤矿二、四标段 3#煤层厚度预测误差表

序号	井名	煤厚/m	误差值	序号	井名	煤厚/m	误差值
1	1308	5. 56	0. 152489	13	1410	4. 53	0. 149686
2	1509	5. 00	0. 136126	14	1106	5. 36	0. 145025
3	1609	4. 21	0. 145255	15	1205	5. 45	0. 14867
4	1807	4. 47	0. 144874	16	3-3	5. 02	0. 160215
5	1709	4. 40	0. 139758	17	zz-283	5. 49	0. 137865
6	w5	5. 10	0. 147126	18	zz-268	5. 39	0. 147147
7	1006	4. 80	0. 155612	19	zzft-004	5. 59	0. 139947
8	1107	4. 70	0. 131914	20	zzft-03	4. 99	0. 130241
9	1306	4. 88	0. 139127	21	zzft-002	4. 85	0. 128097
10	1406	5. 50	0. 150587	22	zz-281	5. 24	0. 140098
11	1506	4. 95	0. 13955	23	zz-260	5. 13	0. 138401
12	809	5. 52	0. 152591	24	zzcd-01	4. 46	0. 134649

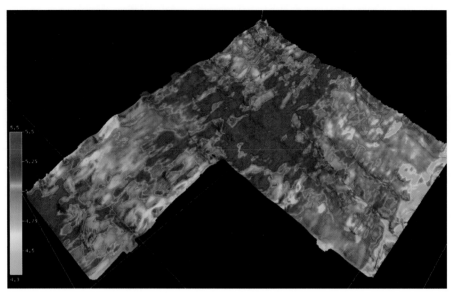

图 5.19　赵庄煤矿二、四标段 3#煤层厚度分布趋势图

第6章 晋城矿区煤层结构反演技术

把横向上高密度的地震数据和纵向上高分辨的测井数据结合起来，有利于发挥钻孔位置测井资料与地震资料的匹配作用，建立时间-深度对应关系，把地震振幅数据转化为波阻抗数据，同时提高远离钻孔位置的地震资料解释精度。波阻抗反演综合利用了地震数据与测井资料在这方面的优势，为煤体结构的划分提供了可能。

已有研究表明，大部分瓦斯突出的区域都是构造煤的分布区域，因此，瓦斯突出带的预测以构造煤的分布规律为基础。目前，对构造煤的描述方法存在多种，主要是根据构造煤与地质构造的关系，寻找构造部位进行预测。这里从构造煤的测井曲线响应特征进行描述，构造煤在测井曲线上的响应特征与正常煤层具有明显区别，这为利用地震方法预测构造煤分布提供了思路和方法。含煤地层中，正常煤层表现为低纵波速度和密度，波阻抗值为低值；当煤体结构受到破坏时，其纵波速度和密度降低，波阻抗值进一步降低。与正常煤岩相比，泥岩、砂岩等岩性波阻抗值明显偏大，因此通过波阻抗反演的数据成果，可以很好地划分煤层与围岩，进而围绕煤层划分出不同的煤体结构，指导煤矿开采和相关的地质分析。

6.1 波阻抗反演

6.1.1 测井约束波阻抗反演基本原理

该反演方法以褶积模型为基础，如下式所示：

$$x(t) = b(t) * R(t) \tag{6.1}$$

式中，$x(t)$ 为反射地震记录；$b(t)$ 为地震子波；$R(t)$ 为反射系数系列。

根据测井资料生成初始反射系数系列 $R_1(t)$，根据叠后地震数据得到反射地震记录 $x(t)$，利用单井多道子波提取或统计子波提取等方法获得初始地震子波 $b_1(t)$，由式（6.2）得到人工合成记录 $y_1(t)$，对 $x(t)$ 与 $y_1(t)$ 作互相关分析［式（6.3）］，R_{xy} 为相关系数。

$$y_1(t) = b_1(t) * R_1(t) \tag{6.2}$$

$$R_{xy}(s) = \frac{1}{m} \sum_{t=1}^{m} x(t) y(t+s) \tag{6.3}$$

通过修改 $y_1(t)$ 使 R_{xy} 尽可能大，即修改初始地震子波 $b_1(t)$ 和初始反射系数系列 $R_1(t)$。当 R_{xy} 达到满意值后，对密度、速度和反射系数利用反距离平方、三角形网格及克里金等内插方法建立初始模型，形成初始波阻抗数据体。以上过程是一个正演过程，它修改了测井曲线、初始反射系数和初始子波。

　　在初始模型的基础上，对所有内插的波阻抗根据共轭梯度法在一定变化范围内进行有限次修改，达到目标函数式（6.4）的极小点，生成最终的反演剖面。其中 $e_1(t)$ 代表模型与地震记录的吻合程度。

$$e_1(t) = x(t) - y_1(t) \tag{6.4}$$

以上过程是一个反演过程，它修改了初始模型的波阻抗。

6.1.2　反演流程及关键性步骤

　　根据上述的反演原理，建立叠后波阻抗反演的流程如图 6.1 所示。从流程图中可以看出，获得合适的反演结果，需要对测井资料预处理，地震子波提取，初始模型，反演分析进行深入的分析。

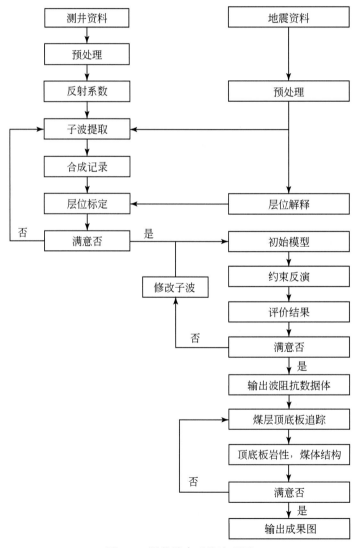

图 6.1　测井约束反演流程图

1. 井资料的预处理

受泥浆、井径和仪器等测量因素的影响，测井曲线需要进行去野值和归一化处理，消除非地质因素的影响，如图 6.2 ～图 6.7。波阻抗反演需要密度和声波曲线，如果研究区内存在大量的声波和密度测井，这时一般直接利用已有的声波、密度测井资料开展反演工作，比如赵庄煤矿。在缺少声波、密度测井的情况下，煤田的井资料一般都有人工伽马、自然伽马，电阻率、自然电位四条曲线。此时根据经验公式求取密度测井曲线和声波测井曲线如式（6.5）和式（6.6）。

$$D(i) = a\log G(i) + b \qquad (i = 1, 2, \cdots, n) \qquad (6.5)$$
$$V(i) = 1500 D(i) \qquad (i = 1, 2, \cdots, n) \qquad (6.6)$$

式中，$G(i)$ 为伽玛–伽玛测井曲线；$D(i)$ 为密度曲线；$V(i)$ 为声波测井曲线。

求得煤层密度约为 $1.2\mathrm{g/cm^3}$，速度为 $1800\mathrm{m/s}$ 左右；顶底板砂岩密度约为 $2.6\mathrm{g/cm^3}$，速度为 $3900\mathrm{m/s}$ 左右。

寺河煤矿只有部分孔存在声波、密度曲线，通过对比分析，发现综合利用反Gardener 公式和 Faust 公式取得的声波曲线，与实际的声波曲线最为接近，最终确定使用的声波曲线为两种方法结果的平均。

$$D(i) = a\log G(i) + b \qquad (6.7)$$
$$Vg(i) = 40 \times D(i)^4 + 2000 \qquad (6.8)$$
$$Vr(i) = 437.3 \times [depth \times \mathrm{Res}(i)]^{0.224} \qquad (6.9)$$
$$V(i) = [Vr(i) + Vg(i)]/2 \qquad (6.10)$$

式中，$D(i)$ 为密度密度曲线，单位为 g/cc；$Vg(i)$ 为用密度曲线求得的声波曲线，单位为 m/s；$\mathrm{Res}(i)$ 为电阻率曲线，单位为 Ω/m；$depth$ 为测井深度，单位为 m；$Vr(i)$ 为用电阻率曲线求得的声波曲线，单位为 m/s，其中 $i = 1, 2, \cdots, n$。

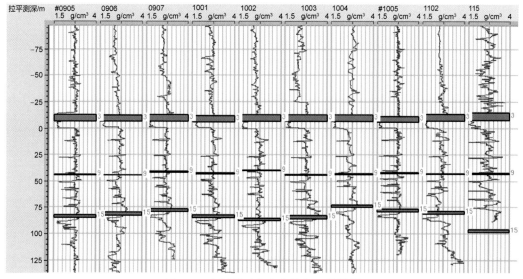

图 6.2　寺河煤矿密度曲线归一化结果

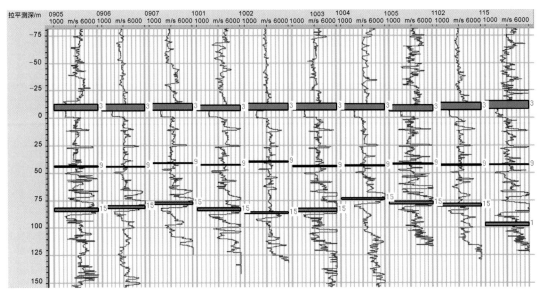

图 6.3　寺河煤矿声波曲线归一化结果

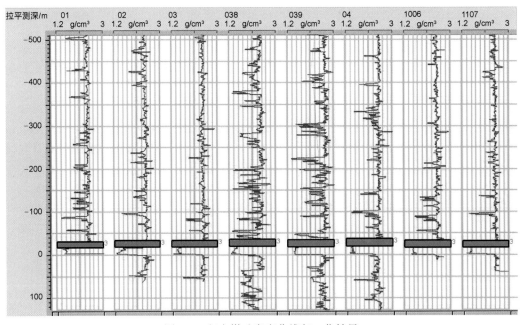

图 6.4　赵庄煤矿密度曲线归一化结果

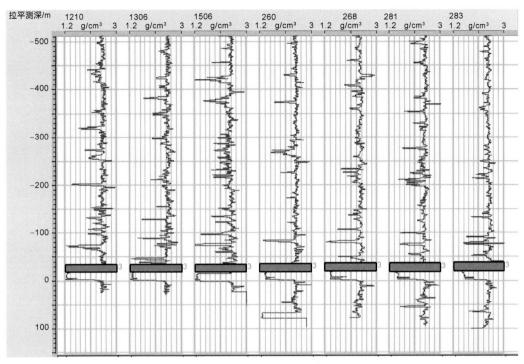

图 6.5 赵庄煤矿密度曲线归一化结果

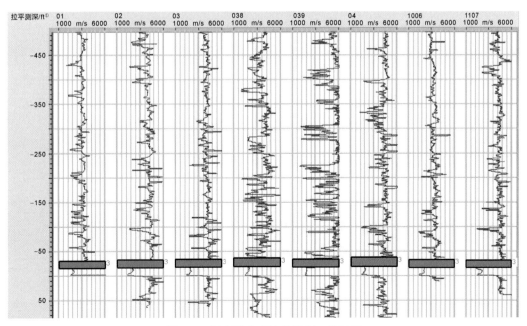

图 6.6 赵庄煤矿声波曲线归一化结果

---

① 1ft=3.048×10⁻¹ m。

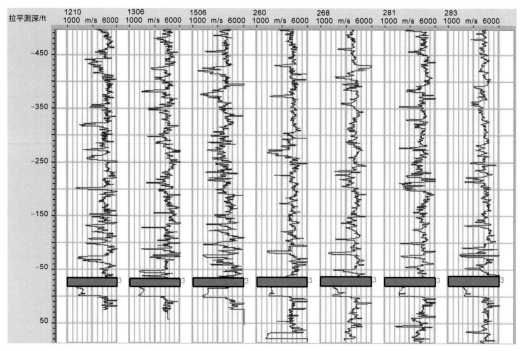

图 6.7　赵庄煤矿声波曲线归一化结果

2. 子波提取和合成记录制作

合成记录是建立测井资料和地震记录的匹配关系的桥梁。根据褶积公式可以知道，生成地震记录需要反射系数和子波。前面已经得到密度曲线和声波曲线，根据式（6.11）可以分别得到波阻抗值和反射系数。在地震勘探中，得到子波的途径有通过仪器直接测试，根据地震数据估算或者利用地震数据和测井资料估算三种方法。实际应用比较多的是后两者。得到了子波，就可以合成地震记录。上述这种通过井资料得到的合成地震记录称为合成记录。通过对比合成记录与地震记录的相似性，可以评价测井资料与地震资料的匹配关系。

$$I = \rho v, \quad R = \frac{I_2 - I_1}{I_2 + I_1} = \frac{\rho_2 v_2 - \rho_1 v_1}{\rho_2 v_2 + \rho_1 v_1} \tag{6.11}$$

获得合适子波的方法：一般是先利用 Ricker 子波或地震数据估算出来的统计性子波建立测井资料与地震数据的初步匹配关系。在此基础上利用地震和测井资料进行提取，得到一个新的子波，进一步改进井资料与地震数据的匹配。匹配关系没有达到满意效果时，可以再次进行子波的提取。在反演的过程中，井资料被认为是最可靠的资料，尽量不要改动。改进地震记录与合成记录的匹配程度，主要是通过改进地震子波来实现的。

叠后反演假设子波具有稳定不变的特性，这里包含了两方面的含义：一是子波的长度是一定的，二是子波波形是稳定的。实际计算结果表明，震源激发产生的子波在传播了一定距离后波形基本稳定，子波的长度则随传播距离增加而变长。因此，子波的长度与目的层的埋深有关。煤层较浅，地震频带较宽，子波略短。这里认为一个好的子波应该波形稳定；能量主要集中在子波的主瓣上，旁瓣能量小并且迅速衰减；子波的振幅与地震记录的振幅谱相似。如果子波没有主瓣、零频率处振幅过大，可以通过微调提取时窗来改进；如果子波频谱在高频端比地震数据振幅谱损失多，则是对测井曲线有不合适的拉伸造成的，需要重新校正测井曲线。合理制作的子波合成记录与地震记录有较高的相关系数。在某些特殊情况下，相关系数难以提高，只能通过合成记录与井旁地震道的波形相似性判断合理性。针对寺河和赵庄煤矿的情况，首先通过统计性子波提取，进行合成记录的初步校正；然后再进行基于井资料的子波提取和合成记录，经过多次迭代分析，获得合成记录，如图 6.8～图 6.31。可以很清楚地看出，合成记录的相关性较高，相关系数都在 0.6 以上。

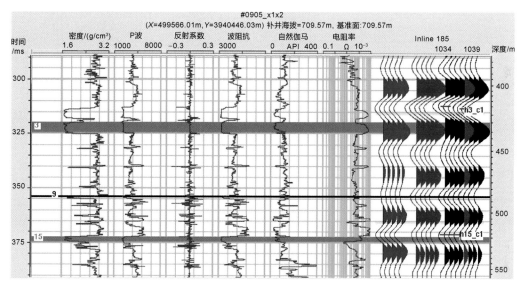

图 6.8　寺河煤矿 0905 孔合成记录

3. 模型建立

反演的计算公式表明，模型建立是否正确关系到反演的成败。模型建立以地震解释层位为框架，根据一定的内插方法，形成一个闭合、光滑的数据体。因此，层位解释非常重要。层位解释要遵循两个重要的原则：一是在层位标定的基础上，层位解释尽量沿着同相轴追踪。用于反演的层位解释与用于构造成图的层位解释是不同的。用于构造成图的层位注重层间距的合理性；而反演的层位则更注意沿同相轴追踪，反映反射系数的特征。二是层位解释满足闭合和一致性。在断层附近，由于层位变化大，波组关系复杂，要做到层位闭合和一致性并不容易，需要作多次对比和尝试，找到最合理的层位解释方案。

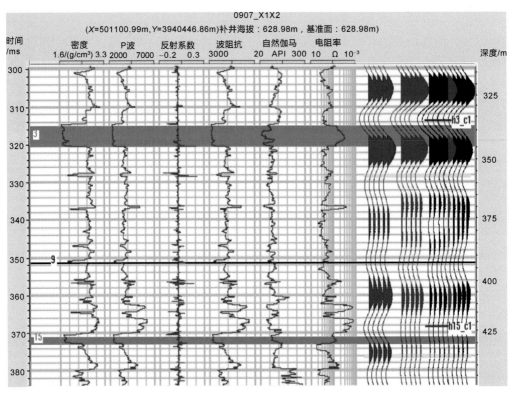

图 6.9　寺河煤矿 0907 孔合成记录

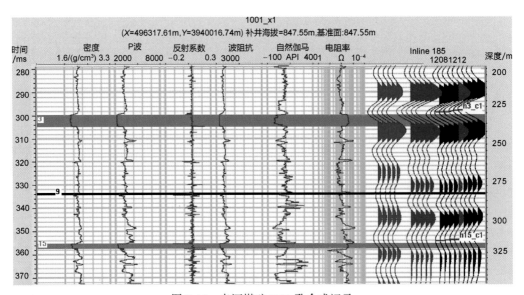

图 6.10　寺河煤矿 1001 孔合成记录

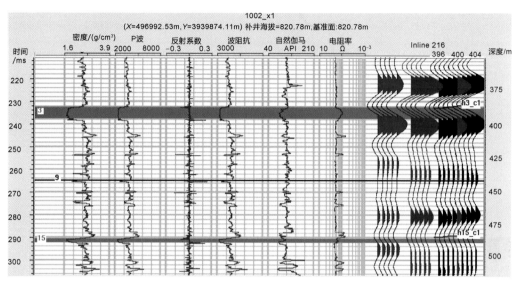

图 6.11　寺河煤矿 1002 孔合成记录

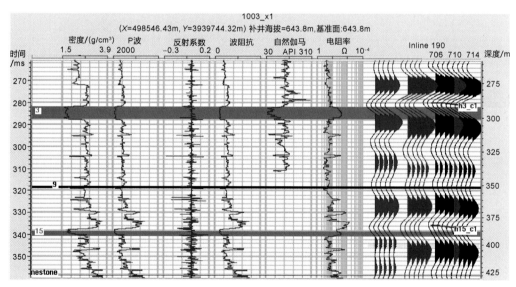

图 6.12　寺河煤矿 1003 孔合成记录

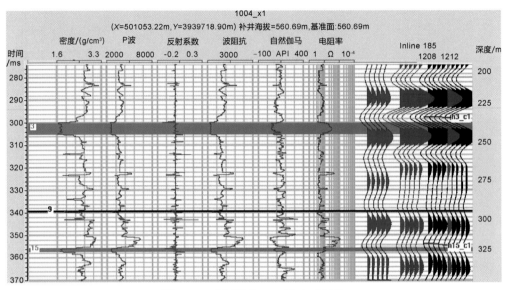

图 6.13　寺河煤矿 1004 孔合成记录

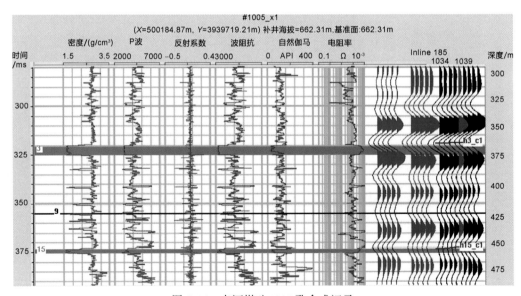

图 6.14　寺河煤矿 1005 孔合成记录

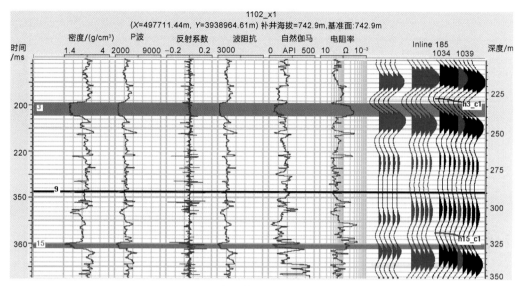

图 6.15 寺河煤矿 1102 孔合成记录

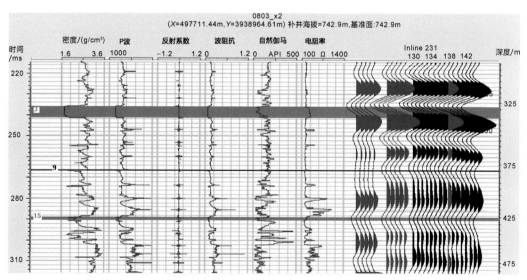

图 6.16 寺河煤矿 0803 孔合成记录

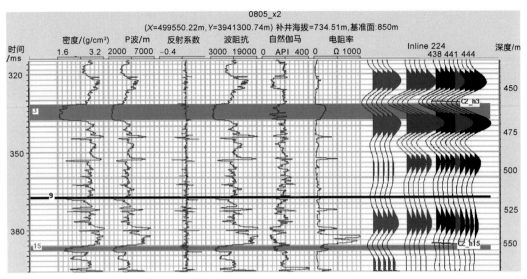

图 6.17　寺河煤矿 0805 孔合成记录

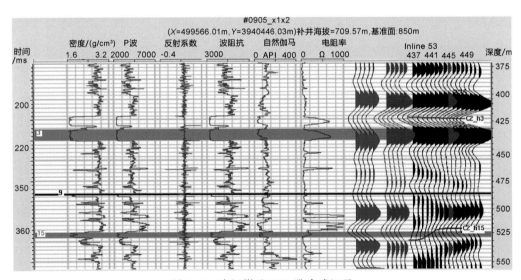

图 6.18　寺河煤矿 0905 孔合成记录

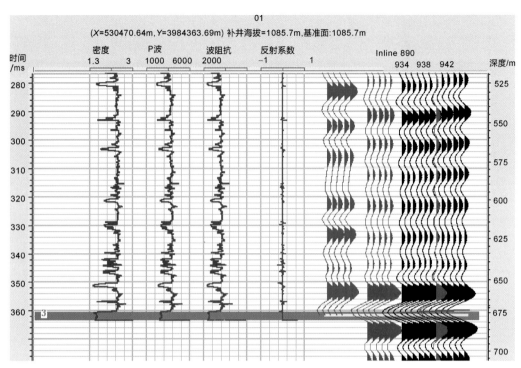

图 6.19　赵庄煤矿 01 孔合成记录

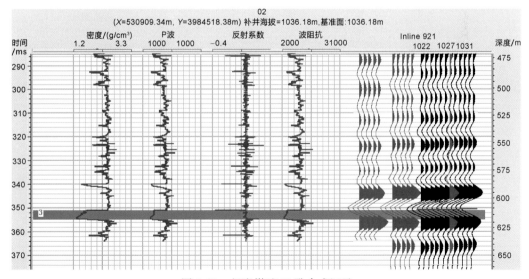

图 6.20　赵庄煤矿 02 孔合成记录

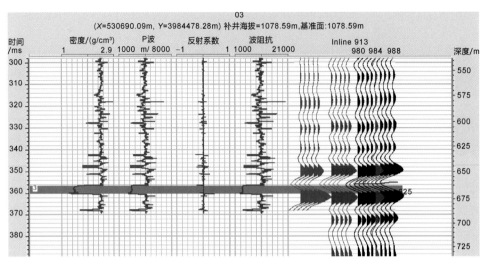

图 6.21　赵庄煤矿 03 孔合成记录

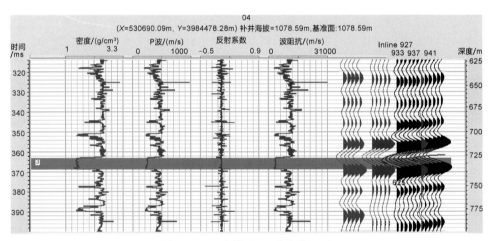

图 6.22　赵庄煤矿 04 孔合成记录

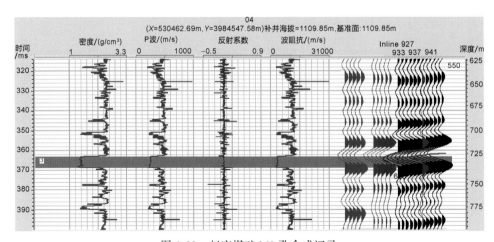

图 6.23　赵庄煤矿 260 孔合成记录

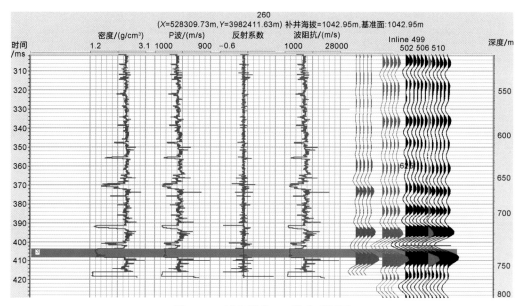

图 6.24　赵庄煤矿 268 孔合成记录

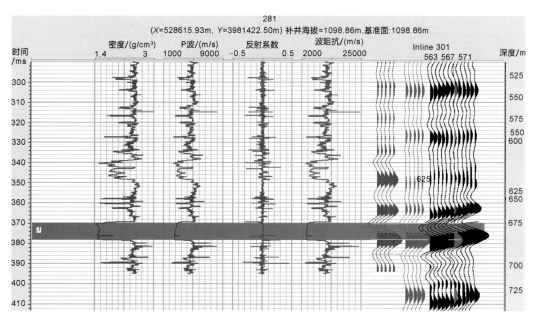

图 6.25　赵庄煤矿 281 孔合成记录

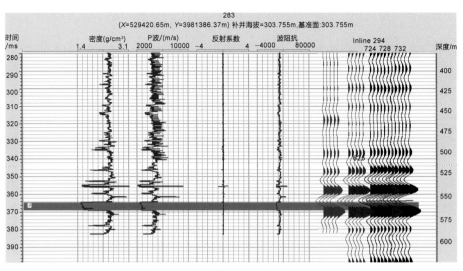

图 6.26　赵庄煤矿 283 孔合成记录

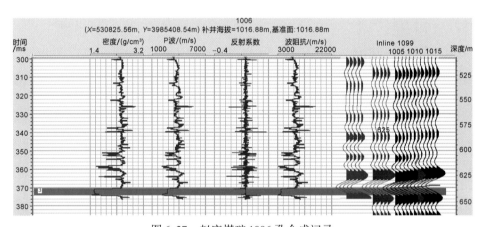

图 6.27　赵庄煤矿 1006 孔合成记录

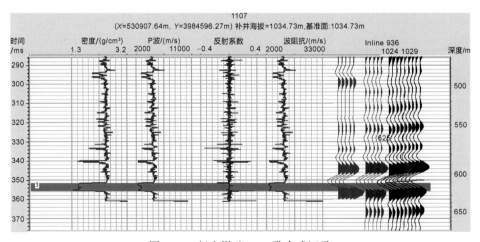

图 6.28　赵庄煤矿 1107 孔合成记录

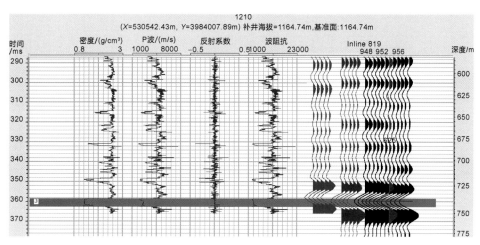

图 6.29　赵庄煤矿 1210 孔合成记录

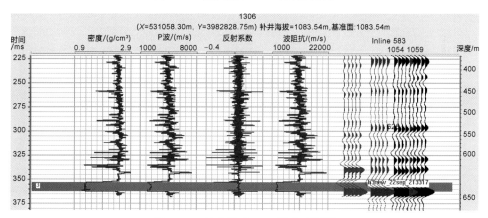

图 6.30　赵庄煤矿 1306 孔合成记录

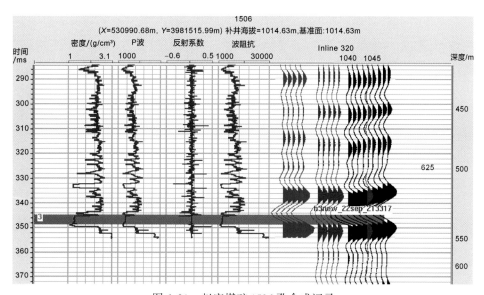

图 6.31　赵庄煤矿 1506 孔合成记录

　　以层位解释成果为控制，选择反距离平方或克里金等内插方法，对井中的波阻抗值沿着层位内插外推，得到初始的波阻抗数据体。评价数据体的正确性主要是通过两个方法：一是切片方式评价。切片产生的是沿某一时间或层位的属性特征，该方法评价的是波阻抗数据体的整体特征是否符合大的地质趋势。二是单井或任意位置反演评价。假设模型与地质情况相符，则通过单井反演和任意位置反演很容易得到好的反演结果。因此可以说，容易得到好的反演结果是模型与地质情况相符的必要条件，但不是充分条件。评价结果认为模型与真实地质情况相似性差时，则要深入分析子波提取、层位解释、内插方法等环节，通过多次分析，选择最合适的初始模型。

　　首先根据精细解释层位，按沉积体的沉积规律在大层之间内插出很多小层，建立一个地质框架结构；在该结构的控制下，再根据一定的插值方式，对测井数据沿层进行内插和外推，产生一个平滑、闭合、能反映煤系地层地质特征的初始模型。通过下面的初始模型，如图 6.32 ~ 图 6.34 表明，模型与真实地质情况符合良好。

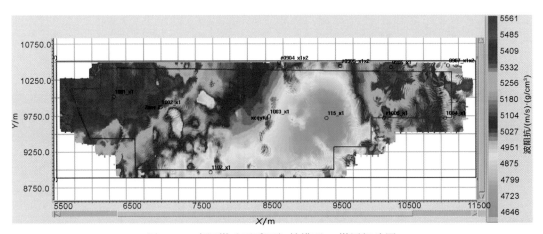

图 6.32　寺河煤矿西采区初始模型 3#煤层切片图

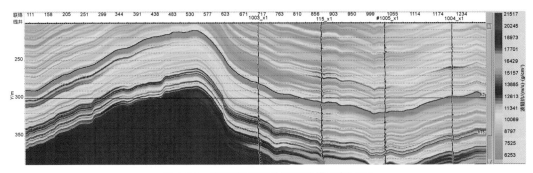

图 6.33　寺河煤矿西采区初始模型剖面图

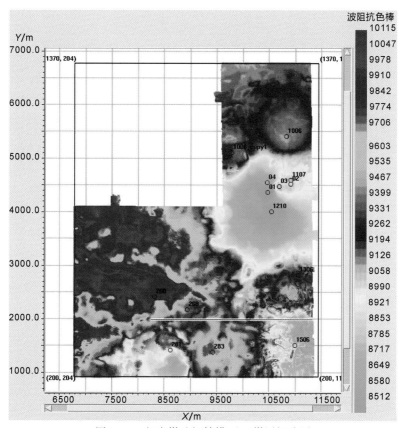

图 6.34 赵庄煤矿初始模型 3#煤层切片图

4. 反演分析

通过随机选取同一位置的模型地震道和地震资料地震道，根据两者之间的相关分析和波形相似性分析，确定反演参数。寺河和赵庄煤矿反演分析如图 6.35 ~ 图 6.53。

（1）迭代次数。对于合理的反演过程，一般在 10 ~ 20 次左右可以很好地做到全局寻优。迭代次数和反演中所用的方波尺寸有关，方波越小，需要的迭代次数越多，确定迭代次数够不够的方法是检查误差图。

（2）方波平均大小。该参数控制最终结果的分辨率。该参数把初始模型方波化为一系列相同的方波，最终反演结果将改变方波的尺寸，但是方波的个数不变。使用较小的方波能够增加最终结果的分辨率，但是所增加的细节来自初始猜测模型。使用小的方波也会提高输入道和最终合成道之间的匹配程度。

（3）最大波阻抗变化百分率。无限带宽约束反演通过修改模型来匹配地震数据，该参数控制模型的变化程度。

（4）预白化。求解问题的方程组存在变态性，为了改善方程组的变态程度，在对角线元素上加上一个阻尼因子，使方程组能很好求解，其取值一般为 1%。

（5）数据范围。为了减少计算时间，不取整个数据作计算，一般以目的层为中心取一定的时窗。

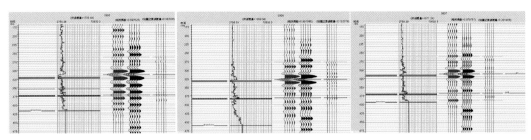

图 6.35　寺河煤矿 0905（左），0906（中），0907（右）孔反演结果误差分析

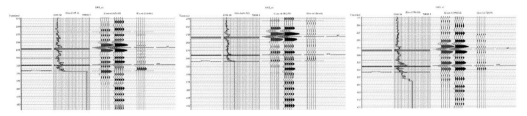

图 6.36　寺河煤矿 1001（左），1002（中），1003（右）孔反演结果误差分析

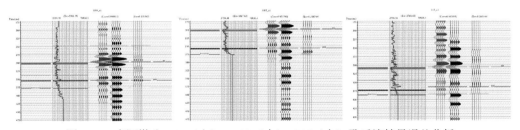

图 6.37　寺河煤矿 1004（左），1102（中），115（右）孔反演结果误差分析

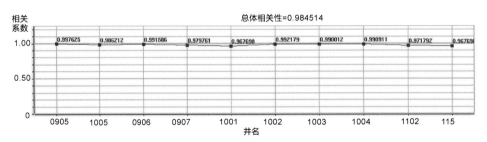

图 6.38　寺河煤矿西采区总体反演结果可靠性分析

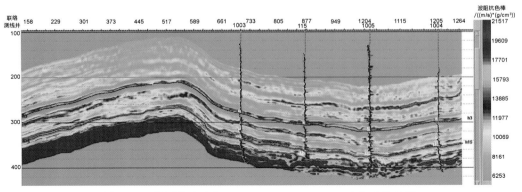

图 6.39　寺河煤矿西采区 1003-115-1005-1004 连井反演结果

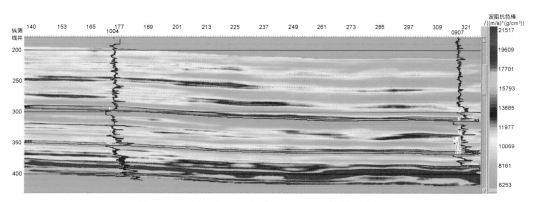

图 6.40　寺河煤矿西采区 1004-0907 连井反演结果

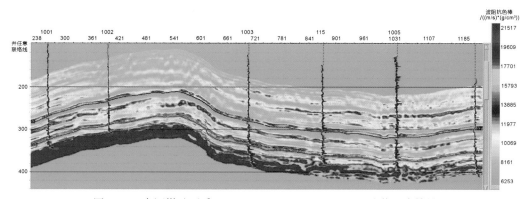

图 6.41　寺河煤矿西采区 1001-1002-1003-115-1005 连井反演结果

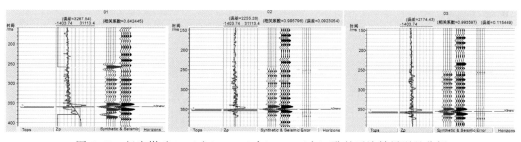

图 6.42　赵庄煤矿 01（左），02（中），03（右）孔的反演结果误差分析

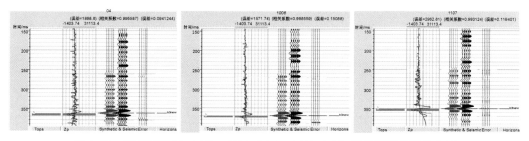

图 6.43　赵庄煤矿 04（左），1006（中），1107（右）孔反演结果误差分析

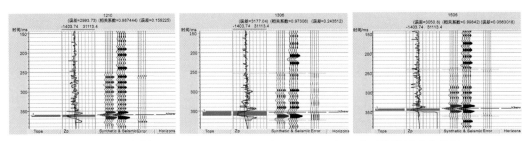

图 6.44　赵庄煤矿 1210（左），1306（中），1506（右）孔反演结果误差分析

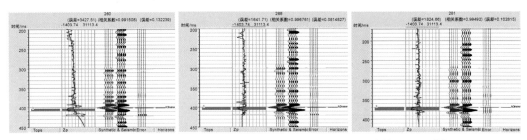

图 6.45　赵庄煤矿 260（左），268（中），281（右）孔反演结果误差分析

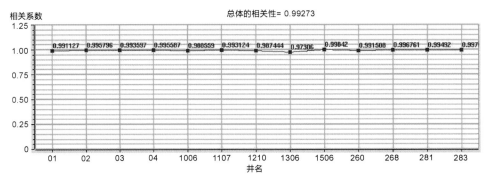

图 6.46　赵庄煤矿总体反演结果相关性分析

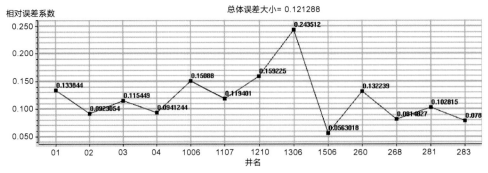

图 6.47　赵庄煤矿总体反演结果误差范围分析

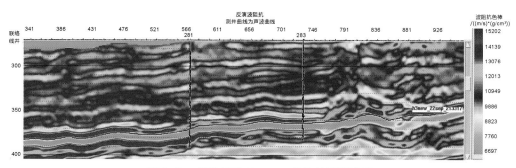

图 6.48　赵庄煤矿 281-283 井连井反演结果

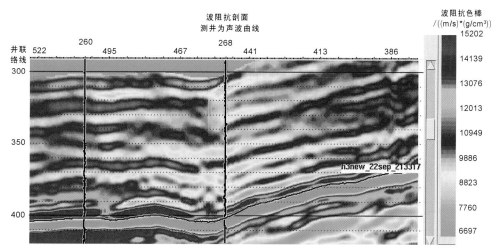

图 6.49　赵庄煤矿 260-268 井连井反演结果

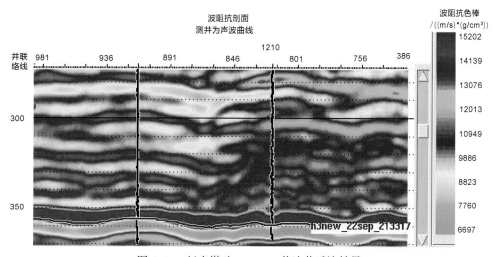

图 6.50　赵庄煤矿 03-1210 井连井反演结果

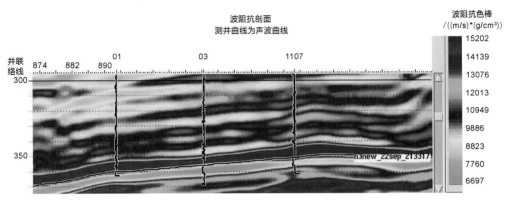

图 6.51　赵庄煤矿 01-03-1107 井连井反演结果

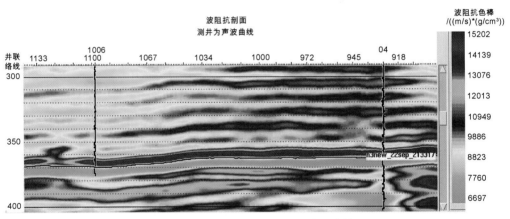

图 6.52　赵庄煤矿 04-1106 井连井反演结果

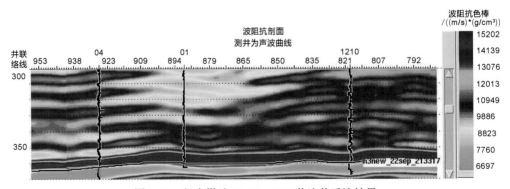

图 6.53　赵庄煤矿 01-04-1210 井连井反演结果

6.2　波阻抗反演预测煤体结构

6.2.1　构造煤是瓦斯突出的主体

关于瓦斯突出存在各种假说，根据《煤与瓦斯突出防治规定》，目前瓦斯突出机理已经逐渐统一，即认为评价煤层瓦斯突出的基本条件主要是：构造煤、瓦斯放散初速度 $\Delta p \geqslant 10$，坚固性系数 $f \leqslant 0.5$，瓦斯压力（相对压力）$P \geqslant 0.74$MPa。通过大量的现场调查和试验研究，发现煤与瓦斯突出总是首先发生在煤体结构遭到严重破坏的软煤分层中。这一客观事实可以给出一个启示：地应力和瓦斯的作用可以统一到煤体结构的内涵上。

实际上关于构造煤的研究资料表明：

（1）构造煤发育区域由于煤体孔隙度和渗透性大而成为瓦斯良好富集带。

（2）构造煤具有解析速度快的特点。

（3）构造煤发育区容易引起地应力集中。

（4）构造煤强度低，抵抗外来破坏的能力最小。

因此，在煤岩层和瓦斯组成的力学系统中，构造煤起到了核心作用。煤与瓦斯突出发生与否取决于地压和瓦斯膨胀能对煤壁所产生的侧向压力大小和煤体抵抗破坏能力两方面之间的关系。也就是，如果将煤与瓦斯突出看为一个力学过程，它必然有一个作用于物质实体（比如原生煤、构造煤）的动力，同时煤体也会产生抵抗力，即阻力。当阻力大于动力时，突出就会被有效地遏制；而阻力小于动力时，突出将不可避免地发生。按照上述思路提出"以煤体结构探测为基础的瓦斯突出预测"，实践了西采区构造煤的地震反演预测。

6.2.2　构造煤分布与地质构造的关系

构造煤是地质构造作用的产物，它的存在和分布是有规律可循的。地质构造对煤体的破坏有两种形式，即线状破坏和面状破坏。线状破坏主要是与断裂构造伴生的。由于断裂构造的规模和形式不同，破坏的规模和影响范围也不同，断层的上下盘也存在差异。

煤体结构的面状破坏，主要是由层间滑动构造造成的。层间滑动往往伴随褶皱、煤层产状变陡、扭动构造、大型断层的牵引等有关构造形式。同时相同构造形式下的不同煤层，由于顶底板岩性差异和煤层厚度不同，层间破坏和构造煤发育不同。一般来说，煤层厚度大，顶底板岩性差异大、扭动显著，则煤体破坏也显著。

6.2.3　基于波阻抗平均方程的构造煤划分

虽然构造煤与正常煤体表现出截然不同的物性特征，理论上很容易划分，实际却不一定能有好的效果。这与我们常规的构造煤解释方法有关，下面对其进行分析，并提出了针对性的煤体结构划分方法。

根据勘探区内的钻孔描述，构造煤在煤层中主要是一种局部赋存，表现为在纵横向上煤体结构变化。建立波阻抗平均方程，描述纵横向上变化的相互影响。假设单位厚度为 1m 的煤层中，含有如图 6.54 所示的煤体结构：设构造煤的速度为 v_g，密度为 d_g，波阻抗为 T_g，厚度为 H_g；原生煤的速度为 v_y，密度为 d_y，波阻抗为 T_y。如果把这种煤层看成一个整体，令其速度为 v，密度为 d，波阻抗为 T。那么则有如下公式：

$$H = H_g + H_y = 1, \quad T = T_g \times H_g + T_y \times H_y = T_g \times H_g + T_y \times (1 - H_g)$$

当煤层的顶底板追踪出现误差时，此时出现了误差厚度 H_w，误差部分的波阻抗为 T_w，那么则有

$$H = H_g + H_y + H_w = 1, \quad T = T_g \times H_g + T_y \times H_y + T_w \times H_w$$
$$= T_g \times H_g + T_y \times (1 - H_w - H_g) + T_w \times H_w$$

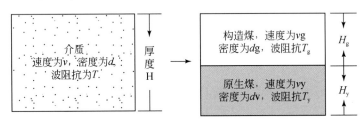

图 6.54　波阻抗平均方程模型

对构造煤的划分，传统方法主要是把煤层作为一个整体，该整体上的低波阻抗代表构造煤的分布。该方法似乎没有问题，而实际上该方法存在产生误导的情况。如图 6.55 所示，假设位置 A 煤层厚度 H 为 6m，其中构造煤厚度 h 为 3m；位置 B 煤层厚度 H 为 5m，构造煤厚度 h 为 2.5m。正常煤的波阻抗为 3000，构造煤的波阻抗为 2000，煤层顶底板的波阻抗为 5000，那么在煤层顶底板正确的情况下，那么有如下关系：

A 位置波阻抗：$(2000\times3+3000\times3)/6 = 15000/6 = 2500$

B 位置波阻抗：$(2000\times2.5+3000\times2.5)/5 = 12500/5 = 2500$

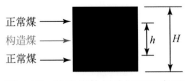

图 6.55　构造煤体划分解释示意图

通过整体划分，A、B 能够体现出构造煤的低波阻抗特征，如果 B 位置的顶底板追踪出现误差，比如，B 位置的顶底板与 A 位置追踪一致，那么有

B 位置波阻抗：$(2000\times2.5+3000\times2.5+5000\times1)/6 = 17500/6 = 2916.6$

这样容易产生 B 位置相对 A 位置表现为高波阻抗的特征，那么在 B 位置的构造煤则体现不出。针对这种弊端，这里提出了分层划分构造煤体的方法。该方法根据煤层厚度，把煤层划分为上中下三部分，如果煤层位置特别厚，则可以划分为四层、五层，直

到满足构造煤的分析要求为止。毫无疑问，通过对煤层分层处理，解释构造煤，能很好地体现出构造煤的展布，尤其能体现出煤层不同部位的构造煤特征。

6.2.4　寺河煤矿构造煤预测

1. 3#煤层煤体结构特征

为了获得较为可靠的结果，首先对勘探区内有岩心描述的钻孔资料进行整理，如表6.1 所示，结果表明：西采区一共有 15 个有岩心描述的钻孔，其中 115 井的 3#煤层中下部、9#煤层、15#煤层下部，126 孔的 9#煤、15#煤，煤层松软，是典型的构造煤。其他孔的 3#煤主要描述为：黑色，煤岩组分以亮煤和暗煤为主，煤层结构简单，坚硬，夹矸为含碳泥岩或泥岩。9#煤主要描述为：黑色，煤岩组分以亮煤为主，暗煤次之，半亮型，坚硬。15#煤主要描述为：黑色，煤岩组分以亮煤、暗煤为主半亮型，夹矸为碳质泥岩或泥岩。由于沉积环境不同，3#煤层最厚，平均厚度为 6.08m；9#煤层的平均厚度为 0.82m；15#煤层 2.51m。由于勘探区内，3#煤层是主采煤层，因此主要是针对 3#煤层进行分析，预测构造煤的分布情况。

结合勘探区内的地质构造成果，在 115 井往东 35m，存在一个走向为 NW，倾向 SW的 F22 逆断层，如图 6.56 所示。断层延展长度为 110m，该断层错断 3#、9#、15#煤层，3#、9#煤层所处的位置为该断层的上盘，15#煤层为下盘。因此，推断 115#描述的煤层构造煤，主要是在地质构造作用下，由于该位置的煤抵抗变形的强度远远低于围岩，该位置的煤层发生强烈的破碎，形成构造煤。

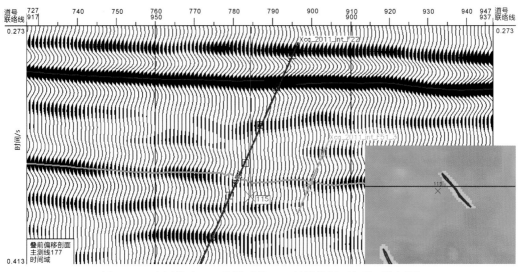

图 6.56　寺河煤矿 115 井附近的 F22 断层的剖面与平面位置图

2. 煤体结构的测井曲线响应特征

根据《防治煤与瓦斯突出规定》，I 类对应原生结构煤，危险程度一般为非突出；II

表6.1 寺河煤矿西采区 3#煤层结构描述

序号	井号	煤层	孔口标高/m	深度/m	标高/m	层厚/m	岩性描述
1	0904	3#	652.24	354.10	+298.14	5.87	黑色, 中条带状结构, 贝壳状断口; 半亮型; 以亮煤为主, 煤层结构简单; 夹矸为含碳泥岩。采长: 5.07=3.85 (0.05) 1.17, 煤层结构为4.65 (0.06) 1.17
		9#	652.24	406.16	+246.08	0.95	黑色, 中条带状结构; 以亮煤为主, 暗煤次之, 半亮型; 坚硬
		15#	652.24	447.45	+204.79	2.18	黑色, 中条带状结构, 为内生裂隙; 具金刚光泽; 以亮煤为主, 暗煤次之, 半亮型, 夹矸为碳质泥岩。采长2.15=0.70 (0.07) 1.38, 煤层结构为0.70 (0.07) 1.41
		灰岩	652.24	513.15	+139.09		
2	0905	3#	709.57	436.33	+273.24	6.10	黑色, 为内生裂隙; 贝壳状断口; 具金属光泽; 半亮型; 煤层结构简单; 坚硬
		9#	709.57	487.45	+222.12	0.95	黑色, 见黄铁矿结核; 具金属光泽; 以亮煤为主, 暗煤次之, 半亮型
		15#	709.57	527.77	+181.80	2.90	黑色, 为内生裂隙; 具金属光泽; 以亮煤为主, 暗煤次之, 半亮型; 坚硬
		灰岩	709.57	614.54	+95.03		
3	0906	3#	679.69	421.25	+258.44	5.95	黑色, 贝壳状断口; 具金属光泽。以亮煤为主, 暗煤次之, 半亮型。采长: 5.70=0.45 (0.03) 0.05 (0.03) 1.60 (0.03) 1.75 (0.37) 0.15 (0.05) 1.10, 煤层结构为0.70 (0.03) 0.05 (0.03) 1.60 (0.03) 1.75 (0.37) 0.15 (0.05) 1.10
		9#	679.69	472.30	+207.39	0.45	褐色, 细条带状结构, 见黄铁矿结核; 具玻璃光泽; 以亮煤为主, 半亮型
		15#	679.69	510.11	+169.58	2.70	黑色, 贝壳状断口; 具玻璃光泽; 以亮煤为主, 暗煤次之, 半亮型, 夹矸均为泥岩。采长: 2.65=0.60 (0.10) 1.08 (0.05) 0.82, 煤层结构为0.60 (0.10) 1.13 (0.05) 0.82
		灰岩	679.69	695.28	+-15.59		
4	0907	3#	628.98	345.28	+283.70	6.23	黑色, 宽条带状结构; 具似金属光泽; 以亮煤为主, 暗煤次之, 含镜煤, 半亮型; 眼球状断口; 半坚硬; 夹矸为含碳质泥岩, 泥岩。采长: 6.03=1.40 (0.03) 3.01 (0.04) 0.55 (0.10) 0.90, 煤层结构为1.60 (0.03) 3.01 (0.04) 0.55 (0.10) 0.90
		9#	628.98	393.63	+235.35	0.75	黑色, 宽条带状结构; 弱似金属光泽; 以亮煤为主, 暗煤次之, 含暗煤, 光亮型; 贝壳状断口; 半坚硬; 煤层结构简单
		15#	628.98	430.96	+198.02	2.40	黑色, 中条带状结构, 弱似金属光泽; 以亮煤为主, 暗煤次之, 含镜煤, 阶梯状断口, 灰色端口。采长: 2.30=0.35 (0.06) 0.54 (0.05) 1.02 (0.03) 0.25, 煤层结构简单为0.40 (0.06) 0.59 (0.05) 1.02 (0.03) 0.25
		灰岩	628.98	477.26	+151.72		

续表

序号	井号	煤层	孔口标高/m	深度/m	标高/m	层厚/m	岩性描述
5	110	3#	810.76	339.94	+470.82	5.85	黑色
		9#	810.76	388.50	+422.26	0.87	采长：1.66＝0.95（0.05）0.66，煤层结构为0.95（0.05）1.06
		15#	810.76	429.16	+381.60	2.06	
		灰岩	810.76	483.03	+327.73		
6	115	3#	619.10	319.77	+299.33	7.22	黑色，上部煤质较软，岩心完整，中下部煤质较软，煤心破碎，以镜煤为主，煤中有薄层夹矸
		9#	619.10	370.84	+248.26	0.90	黑色，半亮型，松软。煤层结构为0.40（0.02）0.48
		15#	619.10	426.14	+192.96	3.05	黑色，宽条带状结构，半亮型，下部松软。采长：2.82＝（0.01）0.73（0.05）1.14，煤层结构为0.93（0.10）0.73（0.05）1.43
		灰岩	619.10	461.20	+157.90		
7	126	3#	845.06	540.63	+304.43	6.00	黑色，光亮型，采长4.57＝0.82（0.05）3.04（0.17）0.49，煤层结构1.52（0.05）3.99（0.17）0.49
		9#	845.06	587.15	+257.91	0.75	黑色，松软。
		15#	845.06	635.87	+209.19	3.20	黑色，松软，采长3.17＝2.05 0.22（0.90），煤层结构2.30（0.22）0.90
		灰岩	845.06	675.70	+169.36		本溪组灰岩
8	1001	3#	847.55	487.01	+360.54	5.60	黑色，细条带状结构；贝壳状断口；具玻璃光泽；以亮煤为主，镜煤次之，半亮型；煤层结构简单，夹矸为泥岩。采长5.40＝5.05（0.10）0.25，煤层结构为5.35（0.10）0.25
		9#	847.55	536.39	+311.16	0.95	黑色，中厚层状；少见黄铁矿结合；具玻璃光泽，以亮煤为主，镜煤次之，半亮型；夹矸为含碳泥岩。采长0.90＝0.40（0.03）0.47，煤层结构为0.40（0.03）0.52
		15#	847.55	577.73	+269.82	2.50	黑色，中厚层状；阶梯状断口；以亮煤为主，镜煤次之，含暗煤，半亮型；具似金属光泽；夹矸为含碳泥岩。采长2.45＝1.10（0.02）0.05，煤层结构为1.10（0.02）1.31（0.02）0.05
		灰岩	847.55	614.80	+232.75		

续表

序号	井号	煤层	孔口标高/m	深度/m	标高/m	层厚/m	岩性描述
9	1002	3#	820.78	397.09	+423.69	6.19	黑色，厚层状；具玻璃光泽；以亮煤为主，镜煤次之，半亮型；夹矸为泥岩。采长 5.58=0.65（0.13）4.17（0.08）0.82，煤层结构为1.20（0.13）4.17（0.08）0.82
		9#	820.78	443.44	+377.34	0.75	黑色，中厚层状；具似金属光泽；阶梯状断口，以亮煤为主，镜煤次之，半亮型；夹矸为泥岩。采长：0.08=0.15（0.10）0.20（0.03）0.32，煤层结构为0.20（0.10）0.20（0.03）0.32
		15#	820.78	491.22	+329.56	2.04	黑色，中厚层状；具玻璃光泽；以亮煤为主，镜煤次之，半亮型，夹矸为碳质泥岩，泥岩。采长：2.10=1.04（0.06）0.20（0.03）0.61（0.01）0.15
		灰岩	820.78	533.00	+287.78		
10	1003	3#	643.80	301.07	+342.73	6.29	黑色，宽条带状结构，强似金属光泽；以亮煤为主，半亮型，煤层结构简单，坚硬；夹矸为泥岩。采长6.10=5.03（0.02）0.35（0.10）0.60，煤层结构为5.32（0.02）0.35（0.01）0.60
		9#	643.80	352.38	+291.42	0.90	黑色，中条带状结构，见黄铁矿结核，贝壳状断口；具金属光泽；半亮型；夹矸为泥岩。采长：0.85=0.02（0.01）0.01（0.01）0.30（0.01）0.49，煤层结构为0.02（0.01）0.01（0.01）0.35（0.01）0.49
		15#	643.80	393.70	+250.10	3.15	黑色，中条带状结构，宽条带状结构，具似金属光泽；以亮煤为主，半亮型，底部煤暗浆型；夹矸为泥岩，煤层结构为3.50=1.60（0.02）0.02（0.01）0.03（0.01）0.55（0.05）0.45，煤层结构为1.70（0.02）0.02（0.01）0.30（0.05）0.55（0.60）0.50
		灰岩	643.80	430.59	+213.21		
11	1004	3#	560.69	245.44	+315.25	6.10	黑色，厚层状，条痕为黑色；具玻璃光泽；以亮煤为主，光亮型；煤层结构简单；夹矸为碳质泥岩。采长5.85=5.25（0.05）0.55，煤层结构为5.50（0.05）0.55
		9#	560.69	296.03	+264.66	1.05	黑色，均一状结构；阶梯状断口，裂隙被黄铁矿充填；具玻璃光泽；以亮煤为主，暗煤次之，含镜煤，光亮型；夹矸为泥岩。采长：1.00=0.07（0.03）0.40（0.03）0.47，煤层结构为0.40（0.03）0.40（0.03）0.40（0.03）0.52
		15#	560.69	326.73	+233.96	1.93	黑色，厚层状，参差状断口；具玻璃光泽；以亮煤为主，半亮型；煤层结构中等，半坚硬；夹矸为碳质泥岩。采长：2.20=0.65（0.25）0.30（0.10）0.90，煤层结构为0.70（0.25）0.30（0.10）0.93
		灰岩	560.69	369.60	+191.09		

续表

序号	井号	煤层	孔口标高/m	深度/m	标高/m	层厚/m	岩性描述
12	1005	3#	662.31	374.88	+287.43	5.40	黑色；具似金属光泽；以亮煤为主，暗煤次之，半亮型；煤层结构中等；坚硬；夹矸为碳质泥岩。采长：5.40=4.20（0.05）0.20（0.15）0.20（0.03）0.57（0.05）0.20（0.15）0.20（0.30）0.67
		9#	662.31	423.36	+238.95	0.85	黑色；具似金属光泽；以亮煤为主，半亮型
		15#	662.31	459.67	+202.64	2.56	黑色；贝壳状断口；以亮煤为主，暗煤次之，半亮型；夹矸为碳质泥岩，泥岩。采长：2.46=0.60（0.05）0.50（0.03），结构：0.60（0.05）0.50（0.03）1.38
		灰岩	662.31	501.11	+161.20		
13	1006	3#	531.61	197.43	+334.18	6.30	黑色；具垂直层面的裂隙，裂隙未充填，为内生裂隙。具垂直层面的裂隙，裂隙被方解石充填，为内裂隙；贝壳状断口；强似金属光泽；以亮煤为主，暗煤次之，半亮型；坚硬；夹矸均为碳质泥岩。采长：6.00=1.10（0.03）0.17（0.05）3.48（0.04）1.13，煤层结构为1.40（0.03）0.17（0.05）3.48
		9#	531.61	247.88	+283.73	0.90	黑色；中条带状结构；贝壳状断口；以暗煤为主，半亮型
		15#	531.61	289.58	+242.03	2.08	黑色；细条带状结构；贝壳状断口；具似金属光泽；以亮煤为主，半亮型；夹矸为碳质泥岩。采长：2.00=0.25（0.15）1.60，煤层结构为0.33（0.20）1.75
		灰岩	531.61	348.36	+183.25		
14	1101	3#	762.87	313.50	+449.37	6.00	黑色，中条带状结构；阶梯状断口；具玻璃光泽；以镜煤为主，亮煤次之，半亮型
		9#	762.87	362.85	+400.02	0.65	黑色，阶梯状结构；阶梯状断口；具似金属光泽；以亮煤为主，暗煤次之，半亮型
		15#	762.87	412.10	+350.77	2.10	
		灰岩	762.87	451.65	+311.22		
15	1102	3#	742.90	240.35	+502.55	6.40	黑色，中条带状结构；具似金属光泽；以亮煤为主，暗煤次之，半亮型；煤层结构为5.41（0.03）0.40（0.02）0.54。采长：5.85=5.20（0.03）0.20（0.02）0.40；夹矸为含碳泥岩
		9#	742.90	290.75	+452.15	0.80	黑色，中厚层状；与下伏地层接触，下部含植物化石，含煤屑
		15#	742.90	328.23	+414.67	2.65	黑色，厚层状；具玻璃光泽；以亮煤为主，镜煤次之，半亮型；煤层结构为1.28（0.02）0.93（0.02）0.40。采长：2.50=1.13（0.02）0.93（0.02）0.40，夹矸为含碳泥岩

类对应碎裂煤，危险程度一般对应过渡；III 类、IV 类、V 类对应构造煤，危险程度对应易突出。不同结构的煤体在测井曲线上具有对应的响应特征，根据响应特征，可以区别不同的煤体结构，根据已有的理论分析和实际工作总结，不同结构煤体在测井曲线上的响应特征如表 6.2 所示。总体上，构造煤，在视电阻率曲线上表现为低幅值，在人工伽玛曲线上表现为高幅值，在声波曲线、密度曲线上，表现为低幅值。

表 6.2　不同煤体结构类型的测井曲线形态特征

煤体结构类型	原生结构煤（I）	碎裂煤（II）	构造煤（III）
视电阻率	高幅值、界面陡直、峰顶圆滑	幅值比 I 类略有降低，多呈微台阶状或微波浪状	幅值明显降低，上、下界面呈台阶状、凸形或箱形
人工放射性伽玛	高幅值，峰顶一般近似呈水平锯齿状	幅值比 I 类略有增大	大多数幅值明显增大
自然伽玛	低幅值，近似呈缓波浪状	幅值变化不明显	幅值变化不明显
声波时差	高幅值，峰顶一般缓波浪状	幅值比 I 类有增大	幅值明显增大，峰顶多呈参差齿状或大的波浪起伏状

由于地震反演使用声波和密度测井曲线，密度测井曲线的形态与人工伽玛类似，因此，根据不同煤体结构已有测井曲线的响应特征，建立构造煤定性判识准则如下：

（1）煤层中声波曲线出现低幅值反映，密度曲线出现相对低幅值时，定性地判识为构造软煤分层。

（2）煤层中声波曲线出现低幅值反映，密度曲线出现相对稍低幅值时，也定性地判识为构造软煤分层。

（3）煤层中声波曲线出现急剧增大，而伽马–伽马曲线出现较大幅度的下降，认为是由夹矸或灰分分层所致。

构造煤定厚判识准则：

（1）以声波曲线为主曲线，注意其与伽马–伽马曲线的基本同步反映。

（2）用煤层的声波曲线中相对低幅值的上、下拐点作为构造软煤分层的界点且定厚。

（3）当伽马–伽马曲线反映较明显时，可将实测声波曲线与理论曲线进行比较并补缺，从而确定构造软煤分层的上、下界点并定厚。

（4）当曲线形态变化相同或类似时，保持定厚的一致性。

由于勘探区内具有密度曲线、声波曲线，并且作了归一化处理，因此以声波曲线为主，密度曲线为辅来判识构造煤。根据上述的特征，对勘探区内的测井曲线进行分析。根据钻孔描述，在 115 孔的 3#煤和 9#煤，都是一个软煤层，且测井曲线上符合构造煤的响应特征。

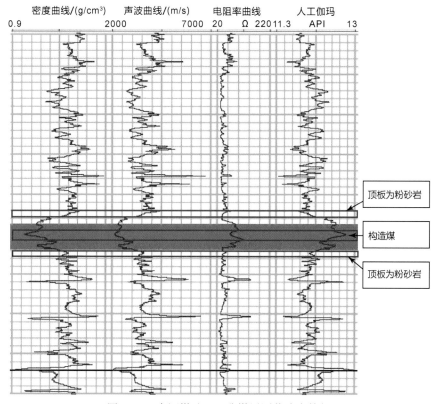

图 6.57　寺河煤矿 115 孔煤层测井响应特征

从图 6.57 中，可以明显看出 3#煤整体上为密度低值、声波速度低值、电阻率高值、人工伽玛高值；3#煤层中间的构造煤响应特征为声波速度更低值、密度更低值、电阻率降低、人工伽玛更高，而且主要是分布在煤层的中部。在煤层的顶底板上，主要是粉砂岩，由于粉砂岩的颗粒比较细，岩石比较致密，透气性比较差，对煤层形成很好的盖层，因此在这样的部位具有瓦斯突出的危险性。

3. 西采区 3#构造煤的识别及圈定结果

根据上面的测井资料分析，已知在勘探区内，115 孔的 15#煤底部，发育有构造煤，115 孔的 9#煤发育有构造煤。由于 115 井的测井曲线没有到达 15#煤，因此，选取 9#煤对反演结果进行分析，通过把声波数据体和密度数据体进行乘积，获得波阻抗数据体。对 115 孔所在的西采区 9#煤位置进行切片分析，如图 6.58 所示，图中 115 孔位置的 9#煤波阻抗为整个勘探区内的低值，波阻抗值为 $6000 \sim 6600 g \cdot m/cm^3 \cdot s$。这主要是由于构造煤具有低速度、低密度，因此作为速度与密度乘积的波阻抗值，与正常煤相比，为一个明显的低值。同样的道理，根据构造煤具有低波阻抗值的特征，对西采区 3#煤的构造煤分布进行预测。

寺河矿区 3#煤层的构造煤分布如图 6.59 ~ 图 6.62 所示，把煤层沿垂直方向划分为上中下三部分，结果表明：煤层上部的构造煤主要在背斜两翼的少量部位存在；在煤层的中部，大量发育有构造煤，主要是分布在背斜的两翼；在煤层下部，少量的构造煤主要分布在背斜的轴部。

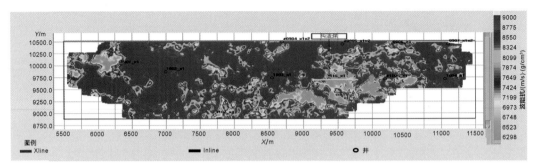

图 6.58　寺河煤矿西采区 9#煤层构造煤分布（115 孔为已知构造煤区域）

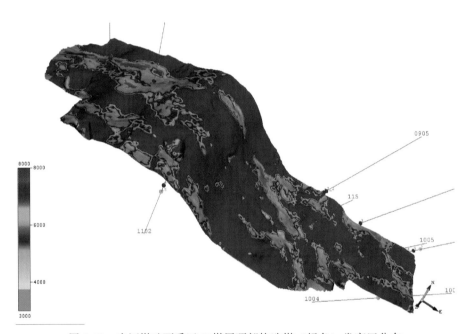

图 6.59　寺河煤矿西采区 3#煤层顶部构造煤（绿色）发育区分布

6.2.5　赵庄煤矿构造煤预测

与寺河煤矿不同，赵庄煤矿二、四标段的煤体主要是强烈破坏煤、粉碎煤和全粉煤，以粉碎煤为主。因此，其全区内的煤体主要是构造煤。根据前面的分析可知，全粉煤由于破碎严重，硬度小，具有明显瓦斯突出危险性。因此，主要针对全粉煤进行预测。不同结构的煤体在测井曲线上具有对应的响应特征。从图 6.63 中，可以明显看出该区煤体存在一个声波速度相对低值、电阻率相对高值，属于全粉煤；该煤体主要分布在煤层的中下部。在煤层的顶板上，主要是粉砂岩和砂质泥岩；煤层底板上主要是砂质泥岩和泥岩。

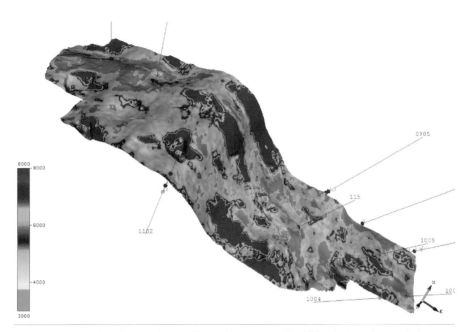

图 6.60　寺河煤矿西采区 3#煤层顶部往下 2ms 构造煤（绿色）发育区分布

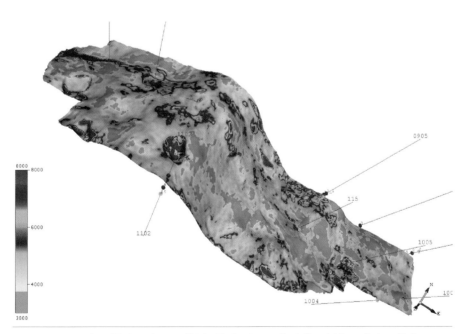

图 6.61　寺河煤矿西采区 3#煤层顶部往下 4ms 构造煤（绿色）发育区分布.

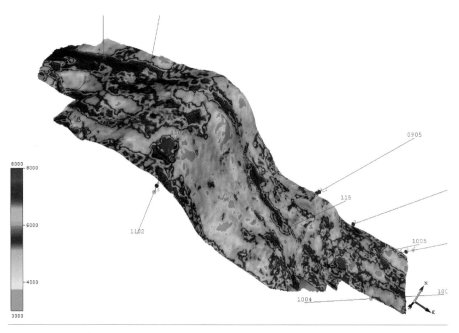

图 6.62　寺河煤矿西采区 3#煤层顶部往下 6ms 构造煤（绿色）发育区分布

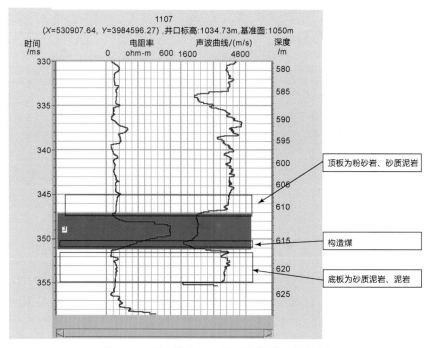

图 6.63　赵庄煤矿 1107 孔煤层测井响应特征

　　根据前面的测井资料分析，赵庄煤矿的全粉煤在声波曲线上表现为相对低值，在视电阻率曲线上为相对高值。通过如图 6.64 和图 6.65 所示，可以看出，勘探区内的声波曲线主要是在煤层的底部和中部表现为相对低值，密度曲线主要是在煤层的中部表现为较大的密度起伏变化，下部表现为低值。在勘探区内，根据声波和密度的测井曲线交汇如图 6.66，能看到存在速度低于 2000m/s，密度小于 1.25g/cm³ 的区域，该区域的特征比较符合全粉煤特征。因此，综合上述的资料分析，认为勘探区内的全粉煤发育部位主要是在煤层的底部和中部。根据测井曲线的响应特征，全粉煤的识别主要以波阻抗（声波和密度的乘积）低值范围为主，获得 3#煤层的全粉煤分布如图 6.67 ～ 图 6.69 所示。从沿煤层上中下三部分的波阻抗图中，可以看出在煤层的顶部，主要是在勘探区的西部和北部存在少量的全粉煤；在煤层的中部，全粉煤大量发育在勘探区的西部和北部，同时在中部也有少量发育；在煤层的底部，全粉煤主要发育在勘探区的西部和北部，与煤层中部相比，其全粉煤的分布更少一些，同时，与煤层的顶部相比，全粉煤的分布更多一些。

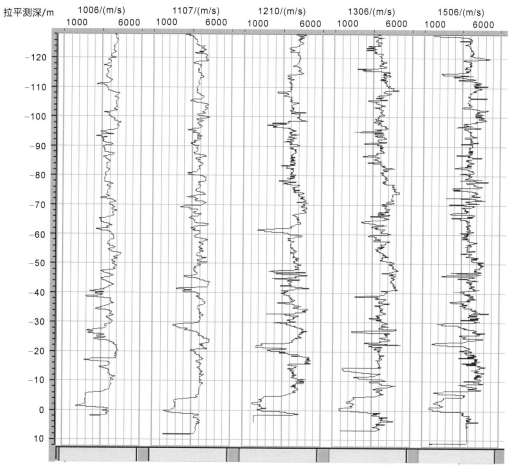

图 6.64　赵庄煤矿声波测井曲线沿 3#煤层底拉平显示图（深度 0 ～ 10m 处声波低值为全粉煤）

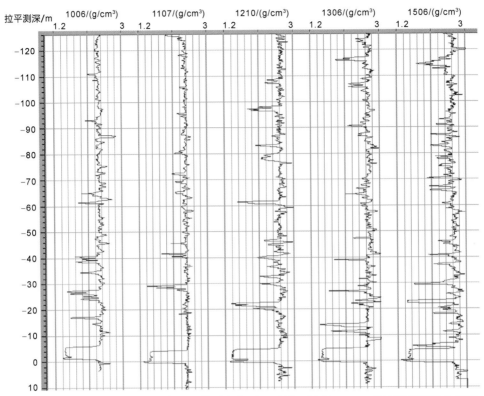

图 6.65　赵庄煤矿密度测井曲线沿 3#煤层底拉平显示图，深度 0～10m 处密度低值为全粉煤

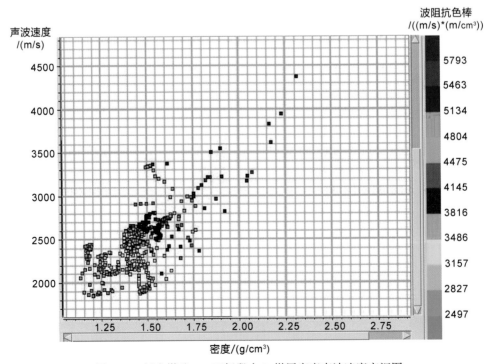

图 6.66　赵庄煤矿二、四标段内 3#煤层密度声波速度交汇图

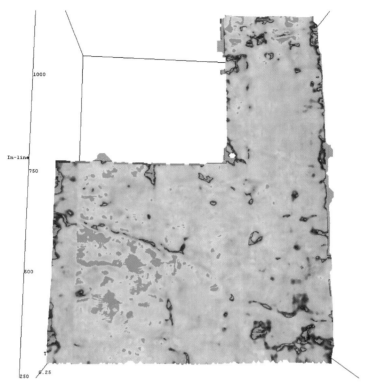

图 6.67　赵庄煤矿二、四标段 3#煤层顶部全粉煤（绿色）发育区分布

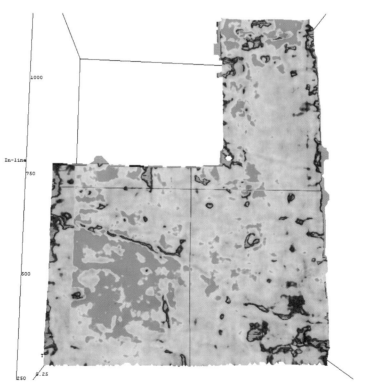

图 6.68　赵庄煤矿二、四标段 3#煤层顶部往下 2ms 全粉煤（绿色）发育区分布

图 6.69　赵庄煤矿二、四标段 3#煤层顶部往下 4ms 全粉煤（绿色）发育区分布

第7章 煤层含气量的地球物理预测方法

7.1 引　　言

煤层含气量是吨煤中所含有的全部瓦斯体积量。煤层含气量是计算瓦斯资源量的重要基础数据，对于煤矿井下抽采，也具有重要的指导意义。煤层含气量主要通过直接测定法或间接测定法获取，其中直接测定方法有美国矿业局的测定方法、史密斯-威廉姆斯法（Smith and Williams，1981）等；间接测定方法有含气量梯度法、等温吸附试验方法（Li *et al.*，1998）等。这些测量结果主要是散点式的，比如寺河煤矿西二盘的钻孔煤层含气量主要是采用直接测定法，钻孔网格为200m×200m。

为了进一步获取精确的瓦斯资源分布情况，一般还需要对测取的煤层含气量进行外推。目前这些方法主要是借鉴已有的煤层含气量测量方法，比如，在已知有效埋深和含气量线性关系时，利用含气量梯度法进行预测，该方法假设勘探区内的有效埋深和含气量是一个单一的线性关系。

目前地震勘探技术广泛应用于采区构造精细探查，并且地震资料具有在横向上高密度的特征，比如，寺河煤矿的三维地震网格一般为10m×5m，与钻孔勘探网格200m×200m相比，提高了近800倍，因此，利用地震资料对煤层含气量进行预测，具有横向上高密度的特征，效果应该更好。利用地震资料预测煤层含气量，面临着煤层含气量与地震属性之间的内在关系的问题。

目前认为地震属性中，AVO属性与油气关系密切。利用测井资料研究了煤储层参数与地震波弹性参数之间的关系及其AVO响应特征（Dun *et al.*，2009）。利用三维三分量地震数据，在联合横波偶极子测井反演的基础上获得了淮南某矿区各煤层含气量的三维空间分布数据体（Wang *et al.*，2009）。利用地震P波对裂缝性地层所表现出的方位各向异性特征，根据地震属性随方位角变化可以预测裂隙发育方向和密度的基本原理，应用多种地震P波方位属性预测裂隙发育带（彭晓波等，2005）。以煤层瓦斯富集地质理论为基础，根据煤层瓦斯与常规砂岩储层天然气赋存机理的对比，提出了以煤层割理裂隙为探测目标的煤层瓦斯富集AVO技术预测理论，认为AVO梯度和伪泊松比反射系数是对煤层割理裂隙发育程度最为敏感的属性（高云峰，2006）。这些文献表明，AVO属性与煤层含气量之间的关系密切。为此，本书在前人研究的基础上，以晋城矿区寺河煤矿西采区一块段3#煤层为依托，从测井曲线的AVO响应特征入手，以此为依据对整个勘探区内的地震振幅进行校正，保持相对保幅特性；根据 AVO 原理计算 AVO 属性，建立煤层含气量与 AVO 属性之间的统计关系；对煤层含气量进行预测，试图探索一条煤层含气量预测的新途径。

7.2　AVO 属性的计算原理

通过对 Aki 和 Richards 近似进行重新组合，Shuey 得到了一个随着入射角变化的近似线性公式：

$$R(\theta) \approx \frac{1}{2}\left(\frac{\Delta\alpha}{\alpha} + \frac{\Delta\rho}{\rho}\right) + \left(\frac{1}{2}\frac{\Delta\alpha}{\alpha} - 4\frac{\beta^2}{\alpha^2}\frac{\Delta\beta}{\beta} - 2\frac{\beta^2}{\alpha^2}\frac{\Delta\rho}{\rho}\right)\sin^2\theta + \frac{1}{2}\frac{\Delta\alpha}{\alpha}(\tan^2\theta - \sin^2\theta)$$

$$\approx \frac{1}{2}\left(\frac{\Delta V_p}{V_p} + \frac{\Delta\rho}{\rho}\right) + \left(\frac{1}{2}\frac{\Delta V_p}{V_p} - 4\frac{V_s^2}{V_p^2}\frac{\Delta V_s}{V_s} - 2\frac{V_s^2}{V_p^2}\frac{\Delta\rho}{\rho}\right)\sin^2\theta + \frac{1}{2}\frac{\Delta V_p}{V_p}(\tan^2\theta - \sin^2\theta)$$

$$(7.1)$$

可以表示成：$R(\theta) \approx I + G\sin^2\theta + C\sin^2\theta\tan^2\theta$，
其中

$$I = \frac{1}{2}\left(\frac{\Delta V_p}{V_p} + \frac{\Delta\rho}{\rho}\right) \tag{7.2}$$

$$G = \frac{1}{2}\frac{\Delta V_p}{V_p} - 2\frac{V_s^2}{V_p^2}\frac{\Delta\rho}{\rho} - 4\frac{V_s^2}{V_p^2}\frac{\Delta V_s}{V_s} \tag{7.3}$$

$$C = \frac{1}{2}\frac{\Delta V_p}{V_p} \tag{7.4}$$

进行化简得到

$$I = \frac{1}{2}\left(\frac{\Delta V_p}{V_p} + \frac{\Delta\rho}{\rho}\right) = \frac{1}{2}\left(\frac{2V_{p2} - V_{p1}}{V_{p2} + V_{p1}} + \frac{2\rho_2 - \rho_1}{\rho_2 + \rho_1}\right) = \cdots = \frac{V_{p2}\rho_2 - V_{p1}\rho_1}{V_{p2}\rho_2 + V_{p1}\rho_1} \times \left(1 - \frac{1}{4}\frac{\Delta V}{V}\frac{\Delta\rho}{\rho}\right) \tag{7.5}$$

$$G = \frac{1}{2}\frac{\Delta V_p}{V_p} - 2\frac{V_s^2}{V_p^2}\frac{\Delta\rho}{\rho} - 4\frac{V_s^2}{V_p^2}\frac{\Delta V_s}{V_s} = \cdots = -\left(\frac{3 - 7\sigma}{2 - 2\sigma}\right)\frac{\Delta V_p}{V_p} - \left(\frac{1 - 2\sigma}{1 - \sigma}\right)\frac{\Delta\rho}{\rho} + \frac{\Delta\sigma}{(1 - \sigma)^2} \tag{7.6}$$

$$C = \frac{1}{2}\frac{\Delta V_p}{V_p} \tag{7.7}$$

从上面的分析可以看出，公式（7.6）侧重通过泊松比而不是横波速度来表征 AVO 近似。

AVO 解释的目的就是要把 AVO 属性与岩性信息联系起来，揭示 AVO 属性的地质意义。首先必须充分分析 AVO 属性的获取方法，得到每一种属性与地质参数的对应关系，最后结合研究地区的地质和地球物理特点，建立本区的地质异常 AVO 识别标志。AVO 主要属性如表 7.1 所示。

表 7.1　AVO 属性计算及物理意义

AVO 属性	计算公式	物理含义
截距	A	地震波垂直入射时的反射系数
梯度	B	地震波反射系数变化梯度
伪泊松比	A+B	当 $v_p/v_s=2$ 时，表示泊松比大小
横波阻抗	A−B	当 $v_p/v_s=2$ 时，表示横波阻抗
流体因子	$\Delta F = \dfrac{\Delta v_p}{v_p} - b\,\dfrac{v_s}{v_p}\,\dfrac{\Delta v_s}{v_s}$	表征流体富集区
AVO 异常指示因子	A×B	AVO 异常增强显示
极化产物（Polarization Product）	$M \times \Delta\varphi$	
极化角差（Polarization Angle Difference）	$\Delta\phi = \phi - \phi_{trend}$	ϕ_{trend} 是背景极化角

7.3　含气量预测的 AVO 反演流程及关键性步骤

7.3.1　AVO 反演流程

煤层含气量的预测方法如图 7.1 所示，主要技术过程如下：

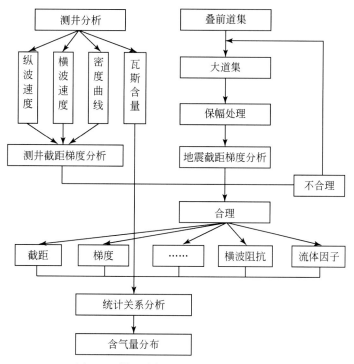

图 7.1　煤层含气量的 AVO 反演流程图

（1）进行测井数据分析，通过测井曲线归一化消除非地质因素的影响，通过横波速度的近似估计方法，生成伪横波测井曲线。

（2）利用叠前数据创建大道集，提高地震资料的信噪比，利用地震数据提取子波，并校正地震与测井曲线之间的时深对应关系。

（3）利用测井曲线创建 AVO 模型，并根据 Zoeppritz 方程计算理论的 AVO 曲线特征，从超道集中提取实际地震数据的 AVO 曲线，以理论的 AVO 曲线特征为标准，与之进行对比，调整实际 AVO 曲线的响应特征。

（4）利用超道集数据计算得到 AVO 属性，并和煤层含气量进行线性相关性分析，选择最优的 AVO 属性，对整个采区内的煤层含气量进行预测。

实现这个过程的关键，就是获得与地下实际情况比较符合的截距和梯度信息。为了实现这一目的，主要是通过对比测井的 AVO 响应与实际地震资料的响应是否比较一致。当测井资料比较可靠时，以测井资料为准；当实际地震资料的振幅信息比较可靠时，以实际地震资料为准。由于勘探区内的测井资料比较齐全，因此以测井资料为准，调整地震资料的振幅信息。

7.3.2　横波速度近似

根据地震波传播原理可知，可以利用介质的纵波、横波和密度三个参数来计算截距和梯度。在晋城矿区内的寺河、赵庄煤矿已有测井资料中，只有纵波速度和密度资料，缺少横波资料，这里根据 Castagna 公式求取，公式表示如下：

$$V_s = 0.86 \times V_p - 1.17 \qquad (7.8)$$

式中，V_s 为横波速度，km/s；V_p 为纵波速度，km/s。

7.3.3　实际井资料的 AVO 响应特征

在理论模型研究的基础上，寺河煤矿选择西采区内的 115 井、1002 井、1005 井，以 3#煤层为目的层，进行实际资料模拟计算，进一步分析煤层的 AVO 响应特征。

根据钻孔录井资料和测井曲线特征，对上述钻孔的煤层、顶底板岩性进行总结，如表 7.2 所示。115 井、1002 井、1005 井处 3#煤层的厚度分别为 7.06m、5.58m、5.40m。从煤层结构描述上看，1002 孔、1005 孔中的煤多数是黑色，条带状结构，条痕为黑色；阶梯状断口；具玻璃光泽；以亮煤为主，暗煤次之，亮光型；煤层结构简单；半坚硬；夹矸为泥岩。说明该钻孔位置处煤体结构属于 I 类（原生煤）或 II 类（破碎煤），不属于 III 类（构造煤）或 IV 类（软分层）。其中在 115 孔描述中出现："中下部煤质较软，煤心破碎"。从 115 孔测井资料上看，在 3#煤层中部，声波时差为一个高值，密度为一个低值，符合构造煤的特征，认为构造煤发育，煤体结构属于 III 类（构造煤）或 IV 类（软分层）。115 孔的直接顶板岩性为 2.25m 的粉砂岩，直接底板是 1.02m 的粉砂岩；1002 孔的直接顶板岩性为 2.49m 的泥质粉砂岩，直接底板是 1.38m 的细砂岩；1005 孔的直接顶板岩性为 0.60m 的碳质泥岩，直接底板是 1.05m 的粉砂岩。

表 7.2　寺河煤矿 115 孔、1002 孔、1005 孔 3#煤层煤体结构、顶底板岩性特征统计表

井孔编号	115	1002	1005
10m 内顶板岩性描述	细砂岩、中砂岩、粉砂岩	粉砂岩、细砂岩、泥质粉砂岩	细砂岩、粉砂质细砂岩、碳质泥岩
直接顶板岩性和厚度	粉砂岩，2.25m	泥质粉砂岩，2.49m	碳质泥岩，0.6m
3#煤（煤总厚度）夹矸（总厚度）煤体结构描述	3#煤层，黑色；上部煤质较好，岩心完整，中下部煤质较软，煤心破碎；以镜煤为主，煤中有薄层夹矸（321.50～321.70m），煤厚 7.06m	黑色，厚层状；具玻璃光泽；以亮煤为主，镜煤次之，半亮型；夹矸为泥岩；采长 5.58 = 0.65（0.13）4.17（0.08）0.82，煤层结构为 1.20（0.13）4.17（0.08）0.82	黑色；具似金属光泽；以亮煤为主，暗煤次之，半亮型；煤层结构中等；坚硬；夹矸为碳质泥岩；采长：5.40 = 4.20（0.05）0.20（0.15）0.20（0.03）0.57，煤层结构为 4.25（0.05）0.20（0.15）0.20（0.30）0.67
直接底板岩性和厚度	粉砂岩，1.02m	细砂岩，1.38m	粉砂岩，1.05m
10m 内底板岩性描述	细砂岩、粉砂岩	中砂岩、粉砂岩、细砂岩	粉砂质泥岩、细砂岩、粉砂岩

利用测井曲线中的声波速度、横波速度、密度，根据 Shuey 公式，可以计算得到这些井的理论 AVO 曲线，从图 7.2 和图 7.3 中可以看出，AVO 曲线表现为煤层顶底界面反射振幅的绝对值都是随着炮检距（或入射角）的增大而减小。

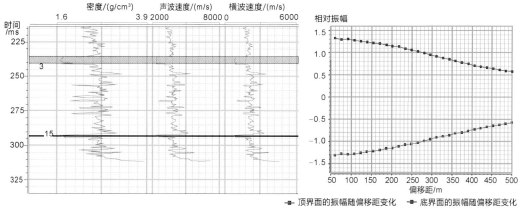

图 7.2　寺河煤矿 1002 井的测井曲线和 AVO 曲线特征

根据赵庄煤矿钻孔录井资料和测井曲线特征，对上述钻孔的煤层、顶底板岩性进行描述，如表 7.3 所示，选取 1306 井为例，该井 3#煤层的厚度在 5m 左右。根据测井资料 1306 孔在 3#煤层底部，声波时差为一个高值，密度为一个低值，符合构造煤的特征，认为构造煤发育。对于煤层顶底板岩性，把砂岩、细砂岩、粉砂岩都归为砂岩类岩石；泥岩、碳质泥岩归为泥岩类岩石；含砂泥岩，根据命名规则，砂质为 5%～15%，这里认为砂质为 15%；砂质泥岩，根据命名规则，砂质为 15%～49%，这里认为砂质为 30%。根据这种原则，对勘探区内的砂泥比［定义为砂岩/（砂岩+泥岩）］进行计算，统计结果表明，勘探区内的砂泥比基本在 0.8 以上。煤层的直接顶、底板为粉砂岩、泥

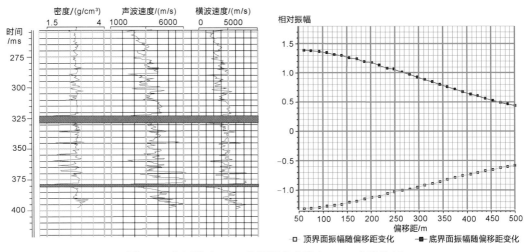

图 7.3　寺河煤矿 1005 井的测井曲线和 AVO 曲线特征

岩或粉砂质泥岩。

　　制作 AVO 合成记录如图 7.4 ~ 图 7.6，可以看出，赵庄煤矿的煤层顶底板反射波的反射系数绝对值都是随着偏移距的增大而减小。

表 7.3　赵庄煤矿 1306 孔 3#煤层煤体结构、顶底板岩性特征统计表

井孔编号	1306
20m 顶板砂岩百分比	0.82
20m 内顶板岩性描述	砂岩、泥岩、砂质泥岩、粉砂岩
直接顶板岩性和厚度	粉砂岩，厚度 1.67m，深灰色，中厚层状，含植物根茎化石，含煤纹
3#煤（煤总厚度） 夹矸（总厚度） 煤体结构描述	黑色，亮煤为主，内生裂隙发育，玻璃光泽，中下部有 0.35m 的碳质泥岩夹矸。 4.88＝3.85（0.35）0.68
直接底板岩性描述	泥岩，厚度 0.72m，灰黑色，含丰富的植物根茎化石，含煤纹，夹煤线
10m 内底板岩性描述	泥岩、粉砂岩、细砂岩

7.3.4　速度场建立及角道集的生成

　　求解 AVO 的截距和梯度等相关信息，需要知道入射角、透射角。根据斯奈尔定理可知，这些信息可根据层速度求取，层速度主要来自速度场的建立，建立方法主要有两种：一是根据处理的均方根速度，转换成层速度得到（如图 7.7 所示）；二是根据测井的速度信息建立速度场（如图 7.8 所示）。寺河、赵庄煤矿的研究表明，通过测井资料建立的速度场精度和效果比较好，主要是由于测井资料在横向上具有较高的分辨率，因此与地下介质的情况更为吻合。根据建立的速度场进行角度集的生成。根据寺河煤矿的资料分析可以知道，勘探区内的入射角主要是 0° ~ 40°，在局部变观的区域能达到 45°。

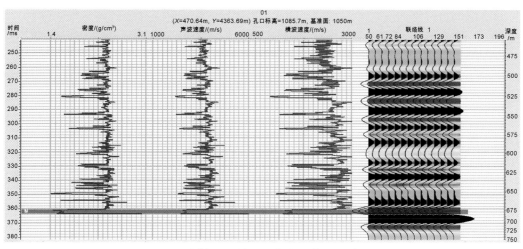

图 7.4　赵庄煤矿 01 井测井曲线及其 AVO 合成记录

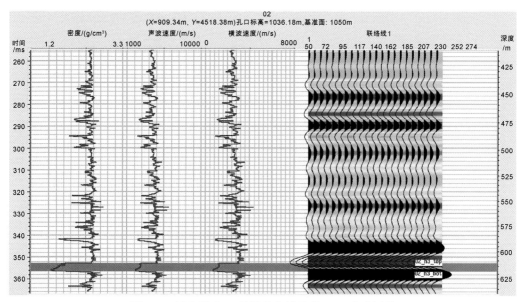

图 7.5　赵庄煤矿 02 井测井曲线及其 AVO 合成记录

根据赵庄矿的资料分析，该区的观测系统与寺河煤矿类似，因此其入射角信息也类似。

7.3.5　大道集及保幅处理

提供的地震资料，在 10m×5m 面内的覆盖次数为 12 次，对于叠前地震数据来说，往往不能满足统计性分析的需要，因此需要进行大面元分析，形成大道集，从而提高资料的信噪比。本次反演使用的大道集为 20m×20m，经过这样的处理后，覆盖次数大概为 12×8＝96 次，能很明显地看到，大道集上振幅随着偏移距具有明显的变化规律（如图 7.9～图 7.13）。

由于地震在地下传播的过程中，振幅受到介质吸收，球面扩散等多种因素的影响，

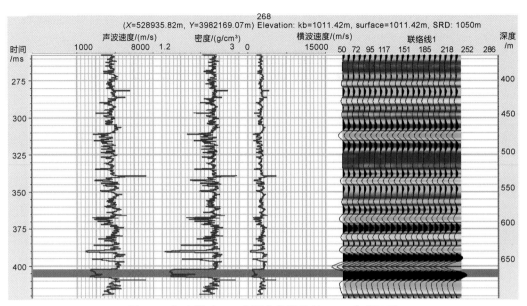

图 7.6　赵庄煤矿 268 井测井曲线及其 AVO 合成记录

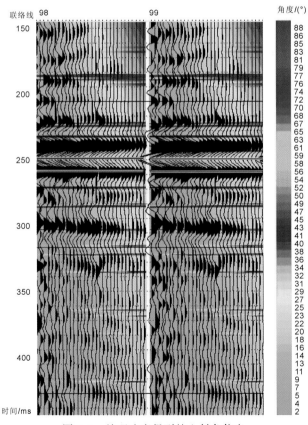

图 7.7　处理速度得到的入射角信息

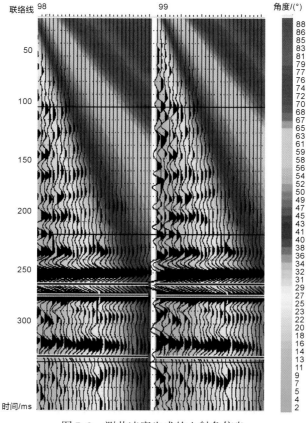

图 7.8　测井速度生成的入射角信息

因此还需要通过一定的保幅处理，恢复地震资料的相对保幅特征。保幅处理是否合适，主要是选取井附近的地震资料，分析其振幅随着偏移距的变化，然后与井资料的振幅随偏移距的变化对比，看两者之间是否具有一致性，如果实际地震资料的 AVO 现象与井资料差别比较大，则需要进一步进行地震资料的保幅处理。

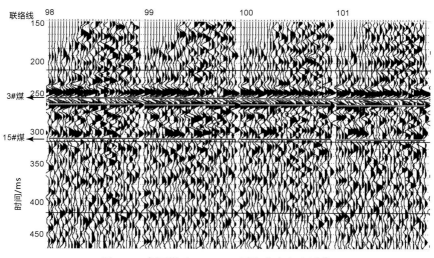

图 7.9　寺河煤矿 10m×5m 网格共中心点道集

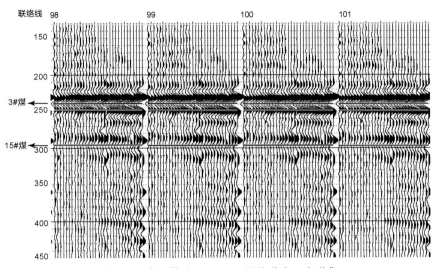

图 7.10　寺河煤矿 20m×20m 网格共中心点道集

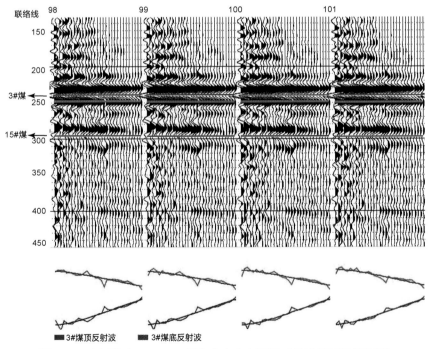

图 7.11　寺河煤矿 20m×20m 网格共中心点道集（经过振幅保幅处理）

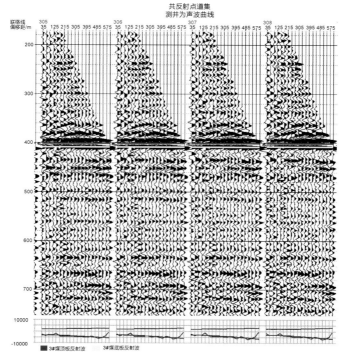

图 7.12　赵庄煤矿 CRP 道集地震数据体剖面

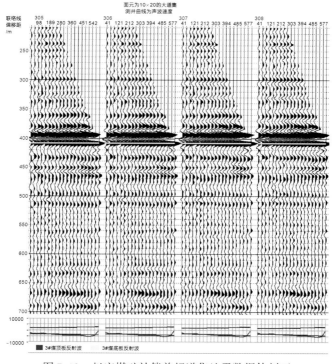

图 7.13　赵庄煤矿补偿前超道集地震数据体剖面

7.3.6　截距梯度的对比分析

根据含煤地层物性特征及地震波传播原理可知，煤层顶板反射系数为一个负值（负截距），随着偏移距增加，反射系数的绝对值逐渐减小（正梯度）；对于煤层的底板，反射系数为一个正值（正截距），随着偏移距增加，反射系数减小（负梯度）。根据这样的常识，可以很容易地看到，利用测井资料得到的 AVO 现象非常符合这一个特征，如图 7.14 ~ 图 7.18 所示；而利用地震资料得到的 AVO 现象却不一定符合该特征。这说明，以测井资料为标准，分析 AVO 现象是一种较为可靠的方法。由于煤层及其围岩的物性特征，AVO 现象还表现出一定的截距和梯度大小变化。如果地震资料上的 AVO 现象与测井资料上的 AVO 现象具有较好的一致性，表明地震资料的保幅处理比较合理；如果两者具有较大的差别，说明保幅处理需要进一步的改进。

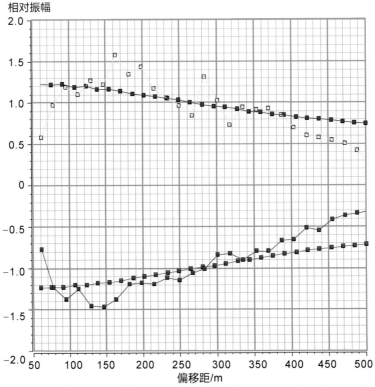

图 7.14　寺河煤矿 0906 井 AVO 曲线与实际 AVO 曲线的对比

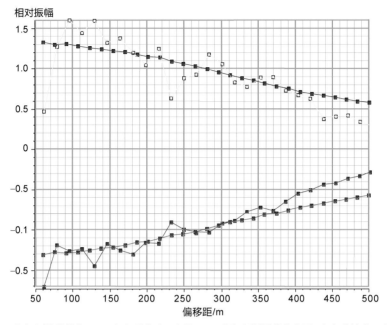

图 7.15　寺河煤矿 1002 井 AVO 曲线与实际 AVO 曲线的对比

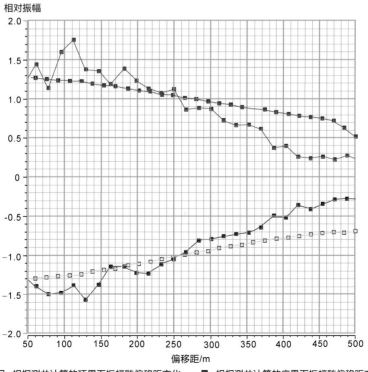

图 7.16　寺河煤矿 1004 井 AVO 曲线与实际 AVO 曲线的对比

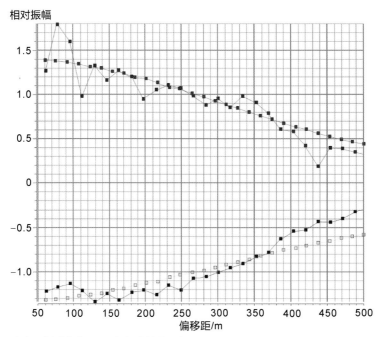

　□　根据测井计算的顶界面振幅随偏移距变化　■　根据测井计算的底界面振幅随偏移距变化

　■　地震数据上顶界面的振幅随偏移距变化　■　地震数据上底界面的振幅随偏移距变化

图 7.17　寺河煤矿 1005 井 AVO 曲线与实际 AVO 曲线的对比

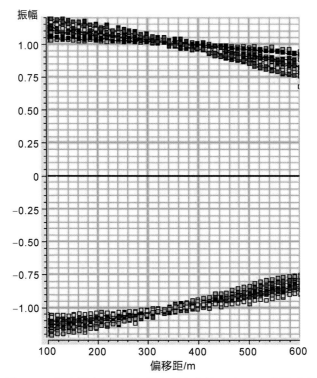

图 7.18　赵庄煤矿二、四标段内所有孔的理论 AVO 曲线对比

7.4　寺河煤矿煤层含气量预测成果

对叠前地震数据进行反演后，首先得到截距（表示为 A，如图 7.19 所示）和梯度属性（表示为 B，如图 7.20 所示），对这些属性根据表 7.1 进行计算，进一步得到相关的 AVO 属性，对含气量与各个属性的关系进行分析，如表 7.4 所示，结果表明截距、梯度、极化角等属性与含气量具有较好的关系，大部分都在 0.5 以上，如图 7.21～图 7.23 所示。极化产物属性的相关性最好，结果能达到−0.8136，因此，在属性的分析结果中，选取极化产物属性对勘探区内的含气量进行预测，通过克里金内插方法，最终得到勘探区内的含气量分布（图 7.24）。

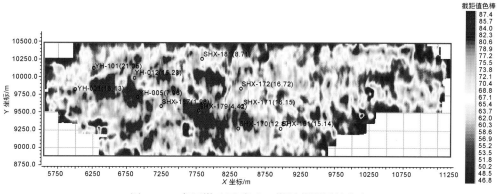

图 7.19　寺河煤矿西采区 3#煤层截距属性分布

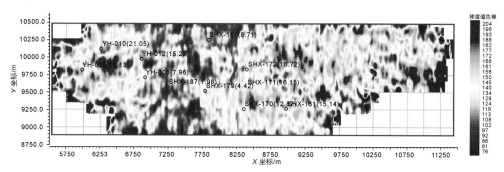

图 7.20　寺河煤矿西采区 3#煤层梯度属性

表 7.4　寺河煤矿西采区 AVO 属性与含气量之间的线性相关性

AVO 属性	相关系数
极化量（Polarization Product from A）	−0.8136
极化角差（Polarization Angle Difference）	−0.7004

续表

AVO 属性	相关系数
AVO 异常指示因子（A×sinB）	−0.5773
截距（A）	0.5773
横波阻抗（A+B）	−0.5317
伪泊松比（A−B）	0.5128
极化系数平方（Polarization Coefficient Squared）	0.5118
AVO 异常指示因子（B×sinA）	0.4690
梯度（B）	0.4690
AVO 异常指示因子（A×B）	0.3526
极化量（Polarization Magnitude）	0.308
3#煤底板双程时	−0.421167
3#煤顶板双程时	0.359719

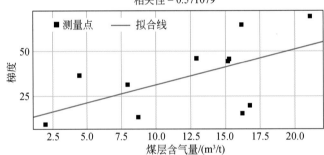

图 7.21　寺河煤矿西采区煤层含气量与梯度属性的关系

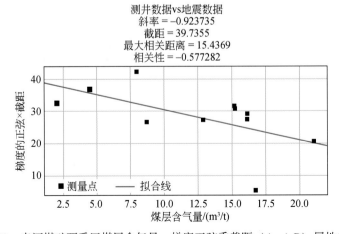

图 7.22　寺河煤矿西采区煤层含气量、梯度正弦乘截距（A×sinB）属性的关系

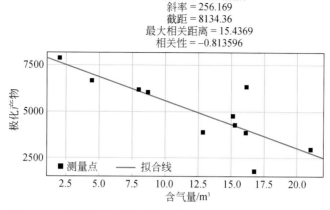

图 7.23　寺河煤矿西采区煤层含气量与极化产物属性的关系

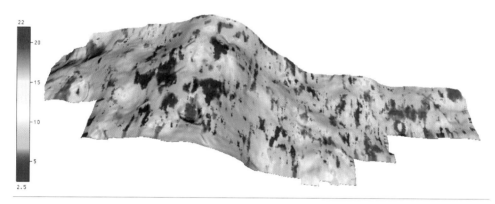

图 7.24　寺河煤矿西采区 3#煤层吨煤含气量分布

　　为了检查预测的效果，分别取每一口已知井为未知井。通过钻孔预测和 AVO 属性预测的结果如表 7.5，从表中可以看到，通过钻孔预测的含气量平均误差在 23.3%，通过 AVO 属性预测的含气量平均误差在 15% 以内，从而提高了预测的能力和精度。

表 7.5　寺河煤矿西采区含气量预测效果对比表

井名	含气量 /(m³/t)	钻孔预测含气量 /(m³/t)	钻孔预测误差/%	AVO 预测含气量 /(m³/t)	AVO 空缺预测含气量误差 /(m³/t)	AVO 属性空缺预测的含气量误差百分比/%
YH–010	21.05	18.09	14.06	20.51	19.45	7.60
YH–006	16.13	22.65	40.42	15.75	14.58	9.61
YH–012	15.23	11.59	23.90	14.88	13.52	11.21
YH–005	7.96	9.25	16.21	7.90	7.70	3.28
SHX–187	1.98	3.23	63.13	2.51	1.88	5.16
SHX–179	4.42	5.35	21.04	4.43	2.87	35.07

续表

井名	含气量 /(m³/t)	钻孔预测 含气量 /(m³/t)	钻孔预测 误差/%	AVO 预测 含气量 /(m³/t)	AVO 空缺预测 含气量误差 /(m³/t)	AVO 属性空缺 预测的含气量 误差百分比/%
SHX-181	8.71	10.67	22.50	8.68	4.25	51.17
SHX-170	12.87	13.8	7.23	12.81	11.22	12.82
SHX-171	16.15	15.35	4.95	16.06	15.97	1.13
SHX-172	16.72	16.28	2.63	17.07	14.90	10.92
SHX-161	15.14	21.23	40.22	14.66	13.45	11.19
平均值	12.40	13.41	23.30	12.30	10.89	14.47

7.5　赵庄煤矿煤层含气量预测成果

如前所述, 赵庄矿区的含气量数据主要有两部分组成, 一部分为老孔, 共计 8 个; 一部分为新孔, 共计 4 个。对老孔的含气量数据进行校正后, 使其和新孔数据一起, 参与含气量与地震属性的关系分析。对叠前地震数据进行反演后, 首先得到截距和梯度属性, 对这些属性或加、或减、或单独计算, 获得其他的 AVO 属性。对赵庄煤矿校正含气量与各个属性之间的关系进行分析发现 (表 7.6), 截距属性与含气量具有较好的关系, 结果能达到-0.792581, 如图 7.25 所示。通过克里金内插方法, 最终得到赵庄勘探区内的含气量分布 (图 7.26)。然而, 需要注意的是, 赵庄煤矿的含气量与煤层顶底板双程时具有较好的相关性, 由于双程时是经过基准面校正后的时间, 且在煤田中用于时间深度转化, 因此, 认为双程时代表了上覆地层的厚度。这表明, 含气量与上覆地层的厚度关系密切。考虑到赵庄煤矿的煤层为粉煤, 含气量与双程时关系密切, 赵庄煤矿煤层具有应力敏感性, 从而影响煤层对瓦斯的吸附能力。

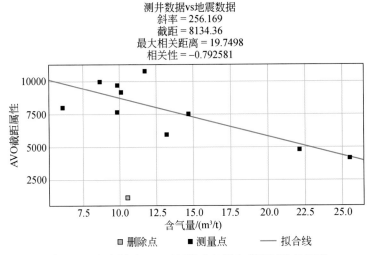

图 7.25　赵庄煤矿二、四标段含气量和截距属性的关系

表 7.6　赵庄矿二四标段含气量与地震属性的关系

名称	相关性
底板截距（Intercept）	−0.792581
3#煤层顶板双程时（Time Two Way from Coalroof）	0.519017
3#煤层底板双程时（Time Two Way from Coalfloor）	0.506314
极化角差（Polarization angle Difference）	0.262698
截距和梯度的乘积［Product（A×B）］	−0.191139
AVO 异常指示因子［Intercept（A）×sign（Gradient（B）］	0.128425
极化量（Polarization Product）	0.109219

表 7.7　赵庄煤矿二、四标段含气量预测误差表

井名	孔口标高 /m	深度 /m	3#煤标高 /m	煤厚 /m	校正含气量 /(m³/t)	误差值
1609	1006.63	676.02	330.61	4.21	22.15	1.08607
1006	1016.88	643.76	373.80	4.80	25.49	1.32000
1107	1034.73	616.15	418.58	4.70	9.84	1.65162
1210	1164.74	1011.15	421.7	4.90	8.70	1.30268
1306	1083.54	634.49	449.85	4.88	10.1	1.64843
1608	948.40	442.66	505.74	5.08	6.15	1.56292
zz-260	1042.67	739.61	303.06	5.13	13.19	1.11156
zz-268	1011.15	664.71	346.44	5.39	11.72	1.30650
zz-283	996.29	562.75	433.54	5.49	9.90	1.30635
zzft-004	1109.57	733.41	376.16	5.59	14.67	1.30310
平均值	1041.46	672.471	395.948	5.017	13.191	1.359923

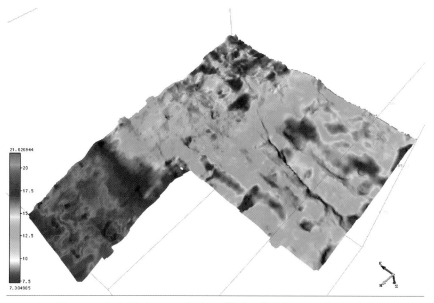

图 7.26　赵庄煤矿二、四标段 3#煤层吨煤含气量（m³/t）分布

第8章 结 论

本书围绕影响煤与瓦斯突出的小构造、煤体结构、煤层厚度、煤层含气量四个因素，以晋城矿区寺河煤矿和赵庄煤矿的三维地震资料为例，进行了地震资料的高分辨处理和高精度解释。主要通过建立以静校正、叠前时间偏移为核心的地震数据处理技术，深入分析小构造的地震响应特征，突破常规的时间地震剖面解释方法，采用双属性或多属性地震资料解释，极大地提高了三维地震的构造探查效果。同时，针对矿区生产需要，还开展了基于地震反演的顶底板岩性分析、煤体结构划分和瓦斯富集区预测等岩性勘探工作，部分成果经过验证，效果良好，获得了以下认识。

8.1 针对起伏地表的高分辨地震数据处理方法

晋城矿区内主要是起伏地表，根据常规的地震处理技术，结合地震资料处理特点，从弱信号提取的地震数据处理角度出发，主要研究了薄煤层高分辨处理过程中的关键性技术，如振幅补偿、反褶积、面波压制、剩余静校正、速度分析、偏移等关键技术，进而提高了地震资料的分辨率和信噪比，使得薄煤层的同相轴具有较高的分辨率，正确成像，获得以下认识：

（1）寺河和赵庄煤矿勘探区范围内，高程变化比较大，地表起伏引起地下反射波畸变，有效波同相轴不连续，从原始叠加剖面上看，目的层有效波不成像，可见整个勘探区存在严重的静校正问题。结合实际情况，确定应用层析反演静校正解决长短波长静校正问题，应用地表一致性剩余静校正解决剩余高频静校正问题。

（2）寺河煤矿的单炮主要是强面波和声波干扰，通过多域分步噪声压制技术消除。赵庄矿区原始单炮主要是面波干扰、某些坏道、不正常道、尖脉冲等，通过三维十字交叉滤波去除线性干扰，通过控制频率和视速度范围去除面波干扰；在不同频带范围内，使用自动样点编辑，每个样点的振幅与给定时窗的中值进行比较，对异常振幅进行编辑。通过这些保幅去噪的技术，面波、声波及其他随机干扰波得到了有效的去除，目的层反射波组更加清晰、突出。

（3）寺河和赵庄煤矿都进行了球面扩散振幅补偿和地表一致性振幅补偿。首先，选定合适参数进行球面扩散补偿，补偿地震波向下传播过程中由于球面扩散而造成的时间方向上的能量衰减，使浅、中、深层能量得到均衡；其次是地表一致性振幅补偿，主要是补偿地震波在传播过程中由于激发因素和接收条件的不一致性问题引起的振幅能量衰减，消除由于风化层厚度、速度、激发岩性等地表因素横向变化造成的能量差异，使全区地震资料的横向能量趋于一致。

（4）对于煤田地震资料，反褶积是提高地震资料分辨率的一个重要手段。反褶积是通过压缩地震子波来提高地震的分辨率。在运用过程中，要做好子波的估算和压缩地震子波。由于三维地震勘探区的激发和接收条件都有所变化，地震子波在能量上和波形一致性上都有很大差异。因此寺河和赵庄煤矿选择地表一致性反褶积方法来消除地震子波因激发和接收条件变化引起的差异，从而使地震子波波形的一致性有一定的改善；并且该处理使地震子波在一定程度上得到了压缩，进而使频带宽度得到拓宽，地震资料的分辨率也相应地提高；同时压制了残余的低频干扰，实现剖面的分辨率和信噪比达到最佳效果。

（5）寺河和赵庄煤矿都进行了地表一致性剩余静校正与速度分析。采用多次速度分析、剩余静校正迭代技术来进一步消除剩余动、静校正时差的影响，确保同一面元内各道同相叠加。通过剩余静校正，目的层同相轴的连续性明显提高。DMO 叠加可以使水平反射和倾斜反射同相轴均能同时正确成像，DMO 技术改善了叠加速度对地层倾角的依赖，提高了速度分析精度，并为准确求取偏移成像速度场提供了基础条件。叠加后仍然存在一些随机噪声影响剖面的信噪比，通过三维叠后随机噪声衰减技术去除随机噪声，提高叠加剖面的信噪比。

（6）地震资料的叠前偏移成像，需要依靠高质量的速度模型，根据勘探区内的地震地质条件，正确地拾取目的层段的反射波叠加速度，了解勘探区内叠加速度的变化范围，通过精细的速度拾取，在道集上有效校正反射同相轴，尽量消除倾斜界面引起的共反射点分散及叠加速度多值现象，提高横向分辨率和信噪比，使地下反射点实现正确归位。寺河和赵庄煤矿都进行了叠前时间偏移。处理中首先通过试验确定偏移的孔径、反假频参数和偏移倾角参数，然后对目标线进行偏移，通过 CRP 道集是否拉平分析叠前偏移的速度。与老资料相比，两个煤矿新处理的地震资料成像效果均得到了极大的提高。

8.2 晋城矿区采区构造地震属性解释技术

断层、陷落柱、采空区是影响我国煤矿机械化开采布置和效率的重要影响因素之一。晋城矿区内的煤层构造以小构造为主，因此三维地震勘探的首要任务是实现小构造的解释。以断层解释理论为例，指出断点识别和断点组合是构造解释中的两个关键步骤，基于褶积模型分析了断点的识别分辨率，及其影响因素。针对小构造解释中断点识别困难的问题，提出了双属性解释的方法，并分析了断层、陷落柱、采空区等的地震响应特征。主要获得以下认识：

（1）通过断层解释理论的分析表明，先验信息对减少地震资料多解性帮助大，能够提高断层解释精度。

（2）基于褶积模型分析了断点的识别分辨率，提出了断层探查的分辨率与地震波频率密切相关，需要密切注意影响地震波频率发生变化的地震激发、地质等因素，有利于把握、提高地震资料的断层探查效果。

（3）针对采区小构造的赋存特征提出了一种针对性的解释方法。首先是晋城矿区内的小断层存在以下两种情况：一是煤层中的小断层属于该断层的顶部或底部；二是煤层中小断层局部发育，不属于大断层，仅仅在煤层发育，其破碎带的高度较小，延展长度有限。当小断层的延展长度较长，比如 60m 以上时，按照地震资料 20m×20m，一般形成至少三个断点的信息，比较有利于解释；而小断层的延展长度较小时，往往难以解释，这主要是断点的信息较少。

针对第二种小断层的情况，为了尽可能地把小断层解释出来，一般采取以下的方式，提高小断层的解释效果。一是通过层位的自动追踪技术，对全区内的煤层反射波信息进行追踪，在反射波自动追踪效果较差的区域，往往发育有构造，把这些区域列为构造重点分析区域。二是对确定的重点分析区域，通过双属性显示的方式，增强小构造的响应特征，进行小构造的解释。双属性解释是通过时间地震剖面和优选的地震属性组合显示的方式进行地震资料解释。常规的地震资料解释主要是利用单属性。通过已知断层等地质信息优选出勘探区内的多个敏感地震属性，利用多属性叠合显示方式，能快速有效地确定地质异常的分布。本书通过已知断层的信息，选取方差属性或相干属性与地震时间剖面叠合。通过上述的解释技术，在晋城矿区的地震勘探中，获得了大量的构造解释成果，并在井下开采中获得了较好的验证。

（4）与前期的老解释成果相比，寺河煤矿西采区一块段重新处理解释前，共解释断层 14 条，其中正断层 7 条，逆断层 7 条。西采区一块段重新处理解释后，共解释断层 72 条，其中正断层 23 条，逆断层 49 条；按断层可靠程度分类：可靠断层 31 条，较可靠断层 37 条，控制较差断层 4 条；按照断层落差大小分类：落差≥10m 的断层 13 条，落差 5～10m（包括 5m）的断层 31 条，落差 3～5m（包括 3m）的断层 28 条。

赵庄煤矿二、四标段在重新处理解释前，共解释断层 40 条，正断层较多。在重新处理解释后，共解释断层 291 条，其中正断层 284 条，逆断层 7 条；按断层可靠程度分类：可靠断层 50 条，较可靠断层 173 条，控制较差断层 68 条；按照断层落差大小分类：落差≥10m 的断层 17 条，落差 5～10m（包括 5m）的断层 49 条，落差 3～5m（包括 3m）的断层 225 条。

（5）通过陷落柱的成因、形态和物性变化，指出陷落柱的地震响应与断层的差异，提出了相对应的陷落柱解释方法。从地震时间剖面上，陷落柱表现为反射波同相轴下凹，下凹段反射波振幅与两侧正常区域明显不一致；而断层则表现为反射波同相轴的错断，断点两侧的反射波组具有一定的相似性。从沿层切片上，陷落柱表现为地震振幅等属性的近似圆形或近椭圆形异常，而断层为一个狭长的断层带。在处理人员提供叠加数据体的情况下，还可以根据叠前的绕射波和相关信息进一步判断。

需要注意的是，实际过程中，陷落柱与断层的解释常混淆，甚至在解释的陷落柱区域，验证后发现不存在陷落柱或断层。其原因主要与地层局部含水与否有关。当煤层顶板或底板，存在局部富水区时，由于地层充水后速度降低，含水区域反射波延迟，与围岩相比表现为下沉。当断层带充水后速度明显降低，并引起断层两侧含水，此时断层带表现为反射波下凹。

在寺河煤矿、赵庄煤矿的地震资料解释过程中，都发现有陷落柱的存在，并且在特征上各有特点。既有由断层发育形成的陷落柱，也存在由于水文地质活动引起的地层下陷形成的陷落柱。寺河煤矿西采区一块段重新处理解释前，共解释陷落柱 5 个，分别位于中部和西部。西采区一块段重新处理解释后，一共解释陷落柱 3 个。赵庄煤矿二、四标段在重新处理解释前，共解释大小陷落柱 45 个，主要位于二标段顶部和四标段顶部；重新处理解释后，一共解释陷落柱 11 个。

（6）通过分析采空区的形成原因，指出对于不同原因形成的采空区，地震解释具有区别性。由于工作面开采方式形成的采空区，其物性变化较为明显，其采空区的地震反射波特征一般为弱振幅，反射波同相轴起伏，地震波吸收衰减明显。对于类似小煤矿形成的采空区，由于其开采的规律性差，其采空区围岩产生的变化规律较为复杂，对应采空区的地震反射特征既可能存在前述特征，也可能振幅增强，或振幅变化不明显。从而给采空区的解释带来难度。与陷落柱相比，采空区围岩的物性特征，与陷落柱具有一定的相似性，两者较大的差异为空间形状。比如，煤矿巷道形成的采空区，在地震资料上表现为一个近乎平直规整的弱振幅带；而工作面形成的采空区，其在地震资料上异常范围边界表现较为规整。

重新处理解释前，寺河煤矿西采区一共解释了采空区两处；重新处理解释后，西采区一共解释了采空区三处，东部两个位置与原有解释基本一致，南部采空区位置与原有陷落柱位置相近。赵庄煤矿二、四标段未见采空区。

8.3　地震属性的煤层厚度预测技术

采用常用的钻孔内插法预测煤厚，对远离井位置的煤厚控制精度低。这里利用地震数据的横向采样密集性预测煤层厚度，有利于提高煤厚的预测精度。该方法通过正演模拟，分析地震波属性与厚度变化的关系，指导地震属性的选取。通过实际煤层厚度数据与地震属性的相关性，优选出地震属性，并通过克里金内插方法预测煤层厚度变化。给出比较细微的煤厚分布图，是一种比较稳健的预测方法。主要结论如下：

（1）通过楔形各向同性模型的数值模拟分析楔形模型的地震波传播特征，结果表明：地震波经过楔形模型的顶底界面时，随着楔形模型的厚度增大，能很好地分辨出顶底界面的地震反射波；同时，在楔形模型厚度达到楔形地震波波长的四分之一之前，顶界面的反射波波形随着楔形厚度的增大而逐渐与底界面波形分开，在厚度达到四分之一波长以后的楔形位置，顶底界面的反射波波形与底界面反射波波形完全分开。通过波场快照，还能看到由于楔形顶底界面的波阻抗差异较大，形成了楔形内部的层间多次波。这些现象表明，对于煤层的地震勘探而言，求取煤层厚度的变化，必须考虑煤层顶底板的干涉作用对地震属性的影响。

（2）追踪楔形的顶界面反射波，分别提取振幅地震属性七个，每一种属性的提取时窗分别以层位为中心，时窗长度为 2ms、6ms、10ms、20ms。通过地震振幅属性随着楔形厚度的变化能看出，除半能量属性外，其余地震属性与楔形厚度的关系明显，尤其是楔形厚度在四分之一波长时，楔形顶底反射波干涉，引起地震振幅发生变化，体现为明显的线性关系，超过四分之一波长后的楔形反射波，振幅未见明显的变化。其中，当楔形厚度小于四分之一波长时，振幅属性随着楔形厚度增大而增大，称为正相关；振幅属性随着楔形厚度增大而减小，称为负相关。各个属性的特征如下：

均方根振幅与楔形厚度表现为负相关；平均振幅随着时窗的变化，其属性与楔形厚度可能是正相关，也可能是负相关；振幅绝对值的平均，与楔形厚度表现为负相关；最大振幅属性与楔形厚度表现为负相关，由于楔形顶部反射波的振幅强，最大振幅属性的提取与时窗无关；振幅绝对值的最大值属性与楔形厚度为负相关；时窗程度为 2ms 与 6ms 时，两个属性一样，随着时窗的增大，属性值增大，其原因可能是负相位的振幅值较大，因此振幅绝对值也增大；最小振幅属性的值与时窗关系密切，主要是时窗大小，可能出现不同相位，从而产生不同的属性值，其与楔形厚度可能为正相关，也可能为负相关。总体上，振幅属性与楔形厚度的关系主要是负相关的关系。

（3）分析寺河、赵庄煤矿的煤层厚度与地震属性之间的关系，结果表明，在寺河煤矿，煤层厚度与波阻抗振幅包络为负相关，最高相关系数为−0.6370；从总体上看，勘探区中部向斜轴部煤层较厚，勘探区西部，也就是背斜西翼的煤层相对较薄。赵庄煤矿的煤层厚度与振幅地震属性的关系为负相关。从总体上，看勘探区中部煤层较厚，西部煤层相对较薄。

8.4　基于波阻抗反演的煤体结构划分

波阻抗反演综合利用横向上高密度的地震数据和纵向上高分辨的测井数据，有利于发挥钻孔位置测井资料与地震资料的匹配，可以为煤体结构的划分提供技术路径。通过分析测井约束波阻抗反演原理，结合煤田的地震资料特征，分析了反演中的关键性步骤。并在寺河和赵庄煤矿的波阻抗反演数据体上，根据煤体结构的波阻抗特征，首次预测了煤体结构分布特征。

（1）根据波阻抗反演的原理分析，分析了测井资料整理、合成记录、初始模型和迭代分析等反演中的关键步骤。测井曲线需要进行去野值和归一化处理，消除非地质因素的影响。煤田的井资料一般都有人工伽马、自然伽马、电阻率、自然电位等四条常规曲线，另外可能有部分的声波和密度曲线。受泥浆、井径和仪器等测量因素的影响，波阻抗反演需要密度和声波曲线，在赵庄煤矿，存在密度和声波曲线，而在寺河煤矿，只有煤田的常规测井曲线和少量的声波密度曲线。在这种情况下，通过对比发现综合利用反 Gardener 公式和 Faust 公式求取的声波，与实际的声波曲线最为接近，确定了寺河煤矿最终使用的声波曲线为两种结果的平均。

合成记录是建立测井资料和地震记录的匹配关系的桥梁。其关键是子波的提取，结合研究区的情况，提出如下合理的子波提取方法：一是先通过 Ricker 子波或地震数据估算来的统计性子波建立测井资料与地震数据的初步匹配关系。在此基础上利用地震和测井资料进行提取，得到一个新的子波，进一步改进井资料与地震数据的匹配。匹配关系没有达到满意效果时，可以再次进行子波的提取。在反演的过程中，井资料被认为是最可靠的资料，尽量不要改动。改进地震记录与合成记录的匹配程度，主要是通过改进地震子波来实现的。

模型是否合理关系到反演的成败。针对煤田构造复杂，薄互层发育特征，指出用于控制模型内插的层位成果要遵循两个重要的原则：一是在层位标定的基础上，层位解释尽量沿同相轴追踪。用于反演的层位解释与用于构造成图的层位解释是不同的。用于构造成图的层位注重层间距的合理性；而反演的层位则更注意沿同相轴追踪，反映反射系数的特征。二是层位解释满足闭合和一致性。在断层附近，由于层位变化大，波组关系复杂，做到层位闭合和一致性并不容易，需要作多次对比和尝试，找到最合理的层位解释方案。

针对模型结果的合理性，提出了两种评价方法：一是切片方式评价。切片产生的是沿某一时间或层位的属性特征，该方法是评价波阻抗数据体的整体特征是否符合大的地质趋势。二是单井或任意位置反演评价。假设模型与地质情况相符，则通过单井反演和任意位置反演很容易得到好的反演结果。评价结果认为模型与真实地质情况相似性差时，则要深入分析子波提取、层位解释、内插方法等环节，通过多次分析，选择最合适的初始模型。

反演中迭代次数、方波大小，波阻抗变化率等参数的设置，主要通过井旁地震反演分析来确定。

（2）已有研究表明，大部分瓦斯突出的区域都是构造煤的分布区域，因此，瓦斯突出带的预测以构造煤分布规律为基础。虽然构造煤与正常煤体表现出截然不同的物性特征，理论上很容易划分，实际却不一定能有好的效果。这与我们常规的构造煤整体解释方法有关，通过分析指出，把煤层作为一个整体划分构造煤的方法存在误导性的结果，尤其是在煤层变薄的情况下，通过整体解释，薄煤层位置的构造煤变成正常煤。针对这种误导性，这里提出了煤层波阻抗分层处理的方法，即根据煤层厚度，划分为上中下部分，如果煤层较厚，则可以进一步划分，在寺河、赵庄煤矿都很好地体现出煤体中构造煤的展布。其中寺河煤矿的构造煤展布表明，该区的构造煤主要位于煤层的中间，构造煤的位置主要分布于向斜中的小褶曲位置、构造附近。而赵庄煤矿的构造煤主要位于煤层的中下部，构造煤的位置主要分布在单斜构造中的褶曲位置，尤其是在勘探区西部向斜部位和勘探区北部的小褶曲和构造附近。

8.5　基于 AVO 反演的煤层含气量预测方法

目前认为地震属性中，AVO 属性与油气关系密切，然而，吸附态保存的瓦斯与游离态保存的油气，在地质特征、地震响应特征方面存在较大的差异。为此，本书在前人研究的基础上，综合利用地震数据、测井曲线、含气量数据，构建了含气量的 AVO 反演分析流程，并以晋城矿区寺河煤矿西采区一块段和赵庄煤矿二、四标段为例进行研究，试图探索一条煤层含气量预测的新途径。该流程从测井曲线的 AVO 响应特征入手，以此为依据对整个勘探区内的地震振幅进行校正，保持相对保幅特性。并利用测井资料建立了更为合理的速度场，通过合理扩大道集面元，提高叠前资料的信噪比。根据AVO原理计算AVO属性，建立煤层含气量与AVO属性之间的统计关系，优选具有较高线性关系的地震属性预测勘探区内煤层含气量分布，对煤层含气量进行预测，并和钻孔直接内插等方法对比，获得了以下认识：

（1）在叠前分析中，覆盖次数低使得地震资料的信噪比低，必须通过扩大面元，有效提高叠前资料的信噪比，有利于后续的AVO处理与解释。

（2）AVO属性分析要求地震资料的数据处理具有保幅特性，因此必须评价地震资料的保幅特性。针对煤田的地震资料特征，提出了由于测井资料的高分辨率，利用测井资料建立的速度场与实际地下情况更为接近；以测井曲线的AVO响应为标准，校正整个勘探区内的振幅分布特征，有利于得到合理的AVO属性分布。

（3）基于理论模型对比各种AVO公式的近似效果，结果表明：Shuey近似与Zeoppritz方程精细解的相似性较好，以此为基础计算相关的AVO地震属性。

（4）AVO属性和煤层含气量的线性相关性强，寺河煤矿极化量（Polarization Product from A）最高为-0.8136，极化量（Polarization Magnitude）最低为0.308；通过克里金方法对整个勘探区的煤层含气量进行预测，与直接内插方法相比，克里金内插方法的空缺误差为14.47%，低于钻孔的23.3%。勘探区内的煤层含气量总体上符合地质规律：背斜部位的大部分含气量低于10%，向斜部位的大部分含气量大于10%。

赵庄煤矿底板截距与含气量的相关性最高，为-0.792581。预测结果表明，总体上含气量与煤层埋深关系密切，在勘探区的深部，含气量较大；在勘探区的浅部，含气量较低；在小褶曲和小构造部位，容易形成瓦斯的局部富集。赵庄煤矿的相关性最高AVO属性与寺河煤矿不同，其原因可能是两个矿区的煤体结构不同，赵庄煤矿为粉状无烟煤，而寺河煤矿为块状无烟煤。粉状无烟煤的物性表现为较为独特的特征，比如，赵庄煤矿的含气量与煤层顶底板双程时具有较好的相关性。由于双程时是经过基准面校正后的时间，且在煤田中用于时间深度转化，因此，认为双程时代表了上覆地层的厚度。这表明，含气量与上覆地层的厚度关系密切。考虑到赵庄煤矿的煤层为粉煤，含气量与双程时关系密切，赵庄煤矿煤层的表面具有应力敏感性，影响了煤层对瓦斯的吸附作用。

参 考 文 献

白鸽，张遂安，张帅，冀敏俊，张慧.2012.煤层气选区评价的关键性地质条件——煤体结构.中国煤炭地质，05：26-29.

蔡利文.2010.利用波阻抗反演方法预测淮南顾桥矿区13-1煤顶板砂岩孔隙度，硕士学位论文，北京：中国矿业大学.

陈辉.2009.三维地震精细构造解释技术在顾桥矿的应用与研究.中国煤炭学会矿井地质专业委员会.矿山地质灾害成灾机理与防治技术研究与应用.中国煤炭学会矿井地质专业委员会，2009：5.

陈同俊，王新.2010.基于方位AVO正演的HTI构造煤裂隙可探测性分析.煤炭学报.4：640-644.

崔若飞.1998.煤田地震资料精细构造解释技术.物探化探计算技术，04：24-27.

崔若飞，李晋平，庞留彦，闫德庆.2002.地震属性技术在煤田地震勘探中的应用研究.中国矿业大学学报，03：54-57.

崔若飞，钱进，陈同俊，毛欣荣，李仁海，刘伍，高级，崔大尉.2007.利用地震P波确定煤层瓦斯富集带的分布.煤田地质与勘探，06：54-57.

戴世鑫.2012.基于物理模型的煤田地震属性响应特征的关键技术研究.中国矿业大学（北京）.

邓小娟，彭苏萍，林庆西，等.2010.基于各向异性的薄煤层AVO正演方法.煤炭学报.12：1032-1040.

杜文凤，彭苏萍，韩毅.2010.含煤地层转换波叠后横波波阻抗反演.地质学报.08：1902-1913.

杜文凤，彭苏萍，王珂，等.2010.瓦斯突出煤和非突出煤AVO响应的比较.中国煤炭地质，06（10）：810-815.

杜文凤.1996.煤田地震资料解释中的计算机成图技术.中国煤田地质，S1：84-87.

杜文凤.1998.相干体技术在煤田三维地震勘探中的应用.煤田地质与勘探，06：57-61.

付建华，程远平.2007.中国煤矿煤与瓦斯突出现状及防治对策.采矿与安全工程学报，03：253-259.

傅雪海，姜波，秦勇，叶诗忠，章云根，曾庆华.2003.用测井曲线划分煤体结构和预测煤储层渗透率.测井技术，02：140-143+177.

高云峰.2006.AVO技术在煤层瓦斯突出区预测中的应用.博士学位论文，北京：中国矿业大学.

郭德勇，韩德馨.1998.地质构造控制煤和瓦斯突出作用类型研究.煤炭学报，04：3-7.

郭德勇，黄元平，曹运兴.1998.煤和瓦斯突出预测煤体结构指标计算方法的探讨.中国安全科学学报，02：65-69.

郭德勇，范金志，马世志，王仪斌.2007.煤与瓦斯突出预测层次分析-模糊综合评判方法.北京科技大学学报，07：660-664.

何俊，娄季凡，刘明举.2001.褶曲分形特征及其与瓦斯突出关系研究.焦作工学院学报（自然科学版），03：168-171.

侯泉林，李会军，范俊佳，琚宜文，汪天凯，李小诗，武昱东.2012.构造煤结构与煤层气赋存研究进展.中国科学：地球科学，10：1487-1495.

胡国泽，滕吉文，皮娇龙，王伟，乔勇虎.2013.井下槽波地震勘探——预防煤矿灾害的一种地球物理方法.地球物理学进展，01：439-451.

黄凯.2008.煤层围岩特征对瓦斯赋存与涌出的控制作用.安徽理工大学.

黄为勇.2009.基于支持向量机数据融合的矿井瓦斯预警技术研究.中国矿业大学.

姜波，秦勇，琚宜文，王继尧.2005.煤层气成藏的构造应力场研究.中国矿业大学学报，34（5）：

564-569.

孔炜, 杨瑞召, 彭苏萍. 2003. 地震多属性分析在煤田拟声波三维数据体预测中的应用. 中国矿业大学学报, 32 (4)：443-446.

孔炜, 杨瑞召, 彭苏萍. 2003. 地震多属性分析在煤田拟声波三维数据体预测中的应用. 中国矿业大学学报, 32 (4)：443-446.

李中州. 2010. 煤厚变化对煤与瓦斯突出危险性的影响. 煤炭科学技术, 09：65-67.

刘爱华, 傅雪海, 王可新, 彭伦, 周宝艳. 2010. 支持向量机预测煤层含气量. 西安科技大学学报, 30 (3)：309-313.

刘传虎. 2001. 地震相干分析技术在裂缝油气藏预测中的应用. 石油地球物理勘探, 02：238-244+262.

刘家谨. 1981. 煤田测井资料数字处理. 北京：煤炭工业出版社.

刘咸卫, 曹运兴, 刘瑞, 何定东. 2000. 正断层两盘的瓦斯突出分布特征及其地质成因浅析. 煤炭学报, 06：571-575.

陆国桢, 张凤威, 傅雪海. 1997. 测井解释煤层甲烷含量与煤层结构的研究. 天然气工业, 1997, 31 (12)：54-56.

吕闰生, 彭苏萍, 徐延勇. 2012. 含瓦斯煤体渗透率与煤体结构关系的实验. 重庆大学学报, 07：114-118+132.

吕绍林, 何继善, 李舟波. 2000. 非接触式瓦斯突出预测方法. 物探与化探, 01：23-27.

孟召平, 田永东, 雷旸. 2008. 煤层含气量预测的 BP 神经网络模型与应用. 中国矿业大学学报, 37 (4)：456-461.

牟永光, 陈小宏, 李国发, 刘洋, 王守东. 2007. 地震数据处理方法. 北京：石油工业出版社. 124, 130.

聂百胜, 何学秋, 王恩元等. 2002. 用电磁辐射法非接触预测煤与瓦斯突出. 煤矿安全, 2000 (2)：41-43

彭苏萍, 杜文凤, 苑春方, 等. 2008. 不同结构类型煤体地球物理特征差异分析和纵横波联合识别与预测方法研究. 地质学报, 10：1342-1358.

彭苏萍, 杜文凤, 赵伟, 师素珍, 何登科. 2008. 煤田三维地震综合解释技术在复杂地质条件下的应用. 岩石力学与工程学报, S1：2760-2765.

彭苏萍, 高云峰. 2004. 淮南煤田含煤地层岩石物性参数研究. 煤炭学报, 29, 2.

彭苏萍, 高云峰等. 2005. AVO 探测煤层瓦斯富集的理论探讨与初步实践. 地球物理学报, 6.

彭苏萍, 孔炜, 杨瑞召, 高云峰. 2003. 煤田反演的声波测井曲线重构. 北京工业职业技术学院学报, 2 (4)：11-16.

彭苏萍, 童有德, 李金生, 叶贵均, 唐修义. 1999. 中国东部深层煤炭开发中的地质灾害和今后的研究方向. 第六届全国采矿学术会议论文集. 中国煤炭学会, 1999：4.

彭苏萍, 王世瑞等. 2002. 淮南煤田东 2 孔 VSP 测井及其应用. 煤炭学报, 27, 26.

彭苏萍, 邹冠贵, 李巧灵. 2008. 测井约束地震反演在煤厚预测中的应用研究. 中国矿业大学学报. 37 (6)：729-734.

彭苏萍. 2007. 瓦斯富集部位高分辨地震探测技术及其应用. 中国煤炭学会. 中国煤炭学会第六次全国会员代表大会暨学术论坛论文集. 中国煤炭学会, 2007：11.

彭晓波, 彭苏萍, 詹阁, 鹿子林. 2005. P 波方位 AVO 在煤层裂缝探测中的应用. 岩石力学与工程学报, 16：2960-2965.

祁少云等译. 1992. 地震反演论文集. 北京：石油工业出版社.

钱进, 陈同俊, 孙学凯. 2010. 波阻抗反演预测煤层岩浆侵入范围. 中国煤炭地质. 1：58-61.

邵强，王恩营，王红卫，殷秋朝，霍光生，李丰良.2010. 构造煤分布规律对煤与瓦斯突出的控制. 煤炭学报，02：250-254.

石兴龙.2012. 城山矿瓦斯地质规律与瓦斯预测研究. 黑龙江科技学院.

宋岩，柳少波，赵孟军，等.2011. 煤层气与常规天然气成藏机理的差异性. 天然气工业，12：47-53+126.

宋岩，柳少波，赵孟军，苏现波，等.2009. 煤层气藏边界类型、成藏主控因素及富集区预测. 天然气工业，29（10）：5-9.

苏现波，林晓英，柳少波，宋岩.2005. 煤层气藏边界及其封闭机理. 科学通报，50（1）：117-120.

苏现波，林晓英.2007. 煤层气地质. 北京：煤炭工业出版社，2007：126.

苏现波，张丽萍，林晓英.2005. 煤阶对煤的吸附能力的影响. 天然气工业，25（1）：19-21.

孙家振，李兰斌.2002. 地震地质综合解释教程. 中国地质大学出版社，141-145.

汤友谊，张国成，孙四清.2004. 不同煤体结构煤的 f 值分布特征. 焦作工学院学报（自然科学版），02：81-84.

王凯雄，姚铭.2004. 亨利定律及其在环境科学与工程中的应用. 浙江大学学报，20（6）：85-89，93.

王平虎.2010. 寺河矿高瓦斯抽放与突出综合防治技术试验研究. 中国矿业大学（北京）.

王素玲，陈江峰，潘结南.1999. 煤层气资源量计算中的几个问题. 煤炭技术，01：22-23.

武喜尊.2004. 煤矿采区三维地震勘探技术. 物探与化探，01：16-18.

许伟功，郭德勇，程伟，和德江.2006. 平顶山十矿煤与瓦斯突出地质因素分析. 河南理工大学学报（自然科学版），01：6-9.

杨德义，赵镨，王慧.2011. 煤矿三维地震勘探技术发展趋势. 中国煤炭地质，06：42-47+55.

杨峰，彭苏萍.2006. 地质雷达技术探测矿井近隐患源新方法. 煤炭学报，12：1-4.

杨陆武，郭德勇.1996. 煤体结构在煤与瓦斯突出研究中的应用. 煤炭科学技术，07：50-53+59.

杨陆武，彭立世.1997. 以煤体结构为基础的煤与瓦斯突出简化力学模型. 焦作工学院学报，02：57-62+67.

杨双安，张胤彬，许鸿雁.2004. 煤田三维地震勘探技术的应用及发展前景. 物探与化探，06：500-503.

姚艳芳，李新春，周耀周，郝宁，刘克云，张麦云.1999. 煤层围岩在煤层气勘探开发中的作用. 油气井测试，01：41-44+77.

姚姚.2000. 地球物理反演基本理论与应用方法研究. 地质出版社.1-160.

张爱敏.1998. 采区高分辨率三维地震勘探. 徐州：中国矿业大学出版社.

张辉.2010. 利用地震波阻抗反演方法预测煤层顶板砂岩富水区域，硕士学位论文，北京：中国矿业大学.

张妮，刘仲敩，薛媛，谭成仟2010. 利用测井资料评价煤层含气量的新方法. 国外油田工程，03：53-56.

张同周，常俊合，罗小平，等.2005. 伊犁盆地侏罗系煤岩生烃潜力评价. 西安石油学院学报，13（4）：18-21.

张晓宝，徐永昌，刘文汇，等.2002. 吐哈盆地水溶气组分与同位素特征形成机理及意义探讨. 沉积学报，20（4）：705-709.

张玉贵，张子敏，谢克昌.2005. 煤演化过程中力化学作用与构造煤结构. 河南理工大学学报（自然科学版），02：95-99.

张玉贵.2006. 构造煤演化与力化学作用. 太原理工大学.

赵镨.2007. 地震勘探技术新进展——中国地球物理学会年会地震新技术简介. 中国煤田地质，02：

54-55.

周心权，陈国新 . 2008. 煤矿重大瓦斯爆炸事故致因的概率分析及启示 . 煤炭学报，01：42-46.

周心权，邹燕云，朱红青，吴兵 . 2002. 煤矿灾害防治科技发展现状及对策分析 . 煤炭科学技术，01：
　　1-5+63.

朱红青，常文杰，张彬 . 2007. 回采工作面瓦斯涌出 BP 神经网络分源预测模型及应用 . 煤炭学报，
　　05：504-508.

邹冠贵，彭苏萍，张辉，等 . 2009. 地震递推反演预测深部灰岩富水区研究 . 中国矿业大学学报，38：
　　390-395.

邹冠贵，彭苏萍，张辉 . 2009. 地震反演预测灰岩孔隙度方法研究 . 煤炭学报，46：562-570.

邹银辉，赵旭生，刘胜 . 2005. 声发射连续预测煤与瓦斯突出技术研究 . 煤炭科学技术，06：61-65.

Aki K，Richards P G. 2002. Quantitative Seismology，2nd Edition：W. H. Freeman and Company.

Antonio C B，Ramos，et al. 1994. AVO analysis and modeling applied to fracture detection in coalbed methane
　　reservoirs，Cedar Hill Field，San Juan Basin. 64th SEG meeting Expanded Abstract，64：244-247.

Bortfeld R. 1961. Approximation to the reflection and transmission coefficients of plane longitudinal and
　　Transverse waves . Geophysical Prospecting，9：485-502.

Brian H，Ken H，et al. 2003. Lines Fluid- property discrimination with AVO：a biot- gassmann perspective.
　　Geophysics，68（1）：29-39.

Brian H. Russell.，Daniel P. Hampson. 2003. Application of the radial basis function neural network to the
　　prediction of log properties from seismic attributes - A channel sand case study. SEG Expanded Abstracts，
　　454-457.

Chaimov T A，Beaudoin，et al. 1995. Shear- wave anisotropy and coalbed methane productivity . 65th SEG
　　meeting Expanded Abstract. 65：305-308.

Chen J P，Castagna R L Brown，et al. 2001. Three- paramter AVO crossplotting in anisotropic media.
　　Geophysics，66（5）：1359-1363.

Davis T L，Shuck E L，et al. 1993. Coalbed Methane Multi- component 3D Reservoir Characterization
　　Study. Cedar Hill San Juan Basin. New Mexico . 63rd SEG meeting Expanded Abstract，63：275-276.

Edward L，Shuck，et al. 1993. Analysis of Shear-Wave Polarizations from a Nine-Component 3-D Dataset. 63rd
　　SEG meeting Expanded Abstract，63：271-274.

Fatti J L，Smith G C，Vail P J，Strauss P J，Levitt P R. 1994. Detection of gas in sandstone reservoirs using
　　AVO analysis：a 3D Seismic Case History Using the Geostack Technique. Geophysics，59：1362-1376.

Fu Xuehai，Qin Yong，Geoff G. X. Wang，Victor Rudolph. 2009. Evaluation of gas content of coalbed methane
　　reservoirs with the aid of geophysical logging technology. Fuel，88，2269-2777

Hilterman F. 1983. Seismic Lithology . SEG- continuing Education.

Koefoed O. 1955. On the effect of Poisson's ratio of rock strata on the reflection coefficients of plane waves. Geo-
　　physical Prospecting，3，381-387.

Li J，Li X，Yang L，Lei C. 1998. A method for prediction of methane content in coal Seams. Coal Geology and
　　Exploration，26：31-33.

Matt Morris，Robert Tatham. 2003. A Generalized Polynomial Estimation of P-P and P-SV AVO Coefficients.
　　Seg expanded abstract，22：250-253.

Michael R，Stan E，Dosso，et al. 2003. Uncertainty estimation for amplitude variation with offset（AVO）
　　inversion . Geophysics，68（5）：1485-1496.

Muskat M，Merest M W. 1940. Reflection and transmission coefficients for plane waves in elastic media.

Geophysics, 5 (2): 115-124.

Ostrander W J. 1982. Plane wave reflection coefficients for gas sands at nonnormal angles of incidence. Seg expanded abstract, 52, 216-218.

Peng S, Chen H, Yang R, Gao Y, Chen X. 2006. Factors facilitating or limiting the use of AVO for coal-bed methane. Geophysics. 71 (4): C49-C56.

Ruger A. 2002. Reflection coefficients and azimuthal AVO Analysis in anisotropic media. SEG expand abstrabt, 2002: 10.

Ruger A. 2005. Reflection coefficients and azimuthal AVO analysis in anisotropic media. Ameirican: Society of exploration geophysicists.

Rutherford S R et al. 1989. Amplitude-Versus-offset in gas sands. Geophysics, 54: 680-688.

Shuck E L, Davis T L, et al. 1996. Multi-component 3-D characterization of a coalbed methane reservoir. Geophysics, 61 (2): 315-330.

Shuey R E. 1985. A simplification of the Zoeppritz equations. Geophysics. 50, 609-614.

Smith D M, Williams F L. 1981. A new technique for determining the methane content of coal. Proceedings of the 16th Intersociety Energy Conversion Engineering Conference. 1267-1272.

Smith G C, Gidlow P M. 1987. Weighted stacking for rock property estimation and detection of gas. Geophysical Prospecting, 35: 993-1014.

Sun B, Sun F, Yang M, 2009. Application of AVO technology inpredication of coalbed methane richa area. 2009 Asia Pacific Coalbed Methane Symposium and 2009 China Coalbed Methane Symosium, Xuzhou, China, 568-573.

Thomsen L, Tsvankin I, et al. 1995. Adaptation of split shear-wave techniques to coalbed methane exploration. 65th SEG meeting Expanded Abstract, 65: 301-304.

Tooley R D, Spencer T W, Sagoci H F. 1965. Reflection and transmission of plane compressional waves. Geophysics, 30, 552-570.

Ursin B. 1990. Offset-dependent geometrical spreading in a layered medium. Geophysics, 55: 492-496.

Wang Y, Lu J, Yin J J, Shi Y. 2009. What else can seismic prospecting do for methane exploration and production. 2009 Asia Pacific Coalbed Methane Symposium and 2009 China Coalbed Methane Symosium, Xuzhou, China, 2009, 579-583.

Yee D, Se id le J P, Hanson W B. 1993. Gas sorption on coal and measurement of gas content. In: Law B E, Rice D D (Eds.), Hydrocarbons from Coal. AAPG Studies in Geology. 38: 203

Zoeppritz K. 1919. On the reflection and propagation of seismic waves. Erdbeben wellen VIIB, Gottinger Nachrichten. 66-84.